无线传感器网络可靠性评估

周志杰　贺　维　胡冠宇　周晓光　曲媛媛　乔佩利　著

科学出版社

北京

内 容 简 介

本书以无线传感器网络可靠性相关问题研究为出发点，通过对无线传感器网络可靠性影响因素的深入分析，根据影响因素的特性划分为内部因素和外部因素两个方面。在对内部因素进行研究时，通过对传感器数据的时间、空间、属性相关性进行分析，提出基于分层置信规则库模型的无线传感器网络故障诊断方法。在对外部因素进行研究时，通过对网络特征数据的图形化处理，提出基于卷积神经网络的无线传感器网络安全检测方法。在综合利用内部与外部因素实现可靠性评估时，通过对可靠性影响因素的特征分析，提出基于分层置信规则库的无线传感器网络可靠性评估方法。

本书可供从事人工智能、网络安全等相关专业研究生做教材使用，同时适合从事无线传感器相关专业工程技术人员阅读参考。

图书在版编目（CIP）数据

无线传感器网络可靠性评估 / 周志杰等著. —北京：科学出版社，2019.6

ISBN 978-7-03-060091-2

Ⅰ.①无… Ⅱ.①周… Ⅲ.①无线电通信-传感器-计算机网络-可靠性-评估 Ⅳ.①TP212

中国版本图书馆 CIP 数据核字（2018）第 292107 号

责任编辑：魏英杰 / 责任校对：王萌萌
责任印制：吴兆东 / 封面设计：陈　敬

科 学 出 版 社 出版

北京东黄城根北街 16 号
邮政编码：100717
http://www.sciencep.com

北京中石油彩色印刷有限责任公司 印刷

科学出版社发行　各地新华书店经销

*

2019 年 6 月第 一 版　开本：720×1000 1/16
2020 年 1 月第二次印刷　印张：9
字数：179 000

定价：**90.00 元**

（如有印装质量问题，我社负责调换）

前　　言

无线传感器网络(wireless sensor network, WSN)可靠性是保障网络正常工作的前提，是提高网络性能的基础。WSN 可靠性不仅是网络设计的关键指标，也是保障网络正常运行和管理维护的重要依据。由于 WSN 自身特点和工作环境的特殊性，其与传统无线网络具有显著的差异。在 WSN 中，传感器个体运算能力、存储资源、电池容量有限；传感器间通信线路带宽有限、传输速率较低；信号间存在相互干扰、传输信号随着通信距离不断衰减；传感器易受到恶劣天气、电磁辐射等环境因素的影响；WSN 易受到被动窃听、主动入侵、拒绝服务等来自互联网的网络攻击。基于以上因素，在进行 WSN 可靠性研究时，只有综合考虑不同因素对 WSN 产生的影响，才能全面、客观地实现 WSN 可靠性评估。WSN 可靠性研究是当今学术界的研究重点和难点，目前仍未形成较为完整和成熟的理论框架。

本书围绕 WSN 可靠性评估的相关问题进行研究，通过对影响 WSN 运行可靠性的各个环节进行分析，汇总主要的影响因素，并根据其产生的原因进行分类，将影响因素划分为内部因素和外部因素。从不同因素对 WSN 造成的影响效果出发，构建 WSN 可靠性评估指标体系，即通过对 WSN 故障状态评估和 WSN 安全状态评估完成对 WSN 可靠性评估。在对 WSN 故障问题研究时，主要从 WSN 节点故障问题展开研究；在对 WSN 安全问题研究时，主要从 WSN 攻击问题展开研究，同时针对多因素 WSN 可靠性评估问题，设计分层可靠性评估模型。基于以上研究，构建 WSN 可靠性评估系统。该系统易于扩展，可实现对 WSN 的运行可靠性评估。

在本书的写作过程中，得到火箭军工程大学胡昌华教授、长春工业大学张邦成教授、空军工程大学张琳教授、火箭军工程大学常雷雷博士和美国得州大学西南医学中心周治国博士后的关心和帮助。在本书出版之际谨向他们表示衷心的感谢!

同时，本书的出版得到火箭军工程大学导弹工程学院、空军工程大学防空反导学院、海南师范大学信息科学技术学院老师和同学的支持和帮助，在此一并表示感谢!

本书相关的研究工作得到国家自然科学基金项目(61773388、61833016、61751304、61702142、61370031、61374138)和海南省自然科学基金项目(617120)的资助。

限于作者水平，书中难免存在不妥之处，恳请读者指正。

周志杰

2018 年 9 月于西安

目　　录

第1章 无线传感器网络可靠性评估系统

1.1 引   言

WSN 是一种新的信息获取和处理的网络。WSN 由部署在一定区域内的大量、低功耗的传感器节点组成，是通过无线通信方式构成的自组织、多跳的网络系统[1]。通过传感器节点之间的相互协作，WSN 能够实时监测、感知和采集监测对象的信息。通过对汇总的信息进行数据处理，WSN 能够为用户提供详尽、有效的观测数据[2]。WSN 是感知客观世界的重要途径，在军事国防、环境监测、灾难预警、医疗健康、智慧农业、智能交通等领域具有广阔的应用前景[3]。美国的 *Businessweek* 将 WSN 与效用计算、塑料电子学、仿生人体器官列为全球未来四大高技术产业。麻省理工学院的 *Technology Review* 将 WSN 列为未来改变世界的十大新兴技术之首。

1.2 无线传感器网络可靠性

1.2.1 无线传感器网络可靠性影响因素

随着 WSN 的快速发展，WSN 可靠性问题越来越受到行业的重视。WSN 应用对可靠性有着比较严格的要求，一旦 WSN 可靠性无法获得保障，轻则导致网络系统失效，重则造成经济损失、人员伤亡等严重后果。因此，WSN 可靠性不仅是网络设计的关键指标，同时也是保障网络正常运行和管理维护的重要依据。由于 WSN 自身的特点，WSN 可靠性存在一些先天不利的因素，具体表现如下[4,5]。

① 节点资源有限。由于成本和能源供应的限制，其运算能力和存

储能力有限，传感器节点数据处理和转发能力受到限制。

② 节点间无线通信资源有限。由于传感器节点间采用无线通信方式，节点间通信带宽和抗干扰能力有限，传感器节点间无线通信的稳定性受到限制。

③ 网络可维护性差。由于 WSN 采用自组织、无中心、分布式、多跳转发的组网方式，网络的可维护能力差，随着运行时间的增加 WSN 的可靠性不断下降。

④ 工作环境恶劣。由于 WSN 经常部署于条件恶劣的区域，传感器节点受到电磁辐射、恶劣天气等环境的影响，传感器节点易出现故障，网络通信效果差。

⑤ 网络易遭受外部攻击。由于 WSN 需要公共网络(如互联网)将数据汇总到数据处理中心，网络会受到来自外部的攻击，因此会出现 WSN 数据被窃取、篡改，网络服务被阻塞等问题。

因此，在对 WSN 整体可靠性进行研究时，需要综合考虑各种对 WSN 可靠性造成影响的因素，才能对 WSN 可靠性实现客观、全面的评价。

1.2.2 无线传感器网络可靠性评估分析

可靠性评估是指通过有计划、有目的的收集系统设计、测试、运行阶段的数据，通过统计分析的方法对系统的可靠性进行评估[6]。如图 1-1 所示为 WSN 的生命周期图。可靠性评估在不同阶段的意义如下。

① 在 WSN 设计阶段，根据系统的需求，设定不同的评估指标，以此为基础进行 WSN 的方案设计，并通过指标验证方案的可靠性。

② 在 WSN 部署阶段，收集系统数据，进行处理和分析，掌握 WSN 的可靠性情况，同时找到当前薄弱环节对 WSN 进行优化，设计改进措施。

③ 在 WSN 运行阶段，实时收集系统数据，通过对数据分析，评估当前 WSN 的可靠性，了解其当前的运行状态，确保获取数据的有效性。

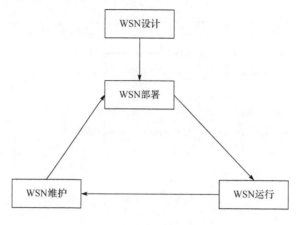

图 1-1 WSN 生命周期图

④ 在 WSN 维护阶段，通过对系统运行过程中收集到的数据的分析，判定当前 WSN 存在的问题，并根据问题的特性对 WSN 进行修正，提高可靠性，从而延长其运行周期。

1.2.3 无线传感器网络可靠性评估系统模型

传统的可靠性评估更关注系统设计阶段的可靠性评估，然而 WSN 是一种动态网络拓扑结构，传感器节点和通信线路受大量的随机性和不确定性因素干扰，导致网络的稳定性和采集数据的准确性实时发生改变，因此对 WSN 的运行可靠性评估更具有实际意义。这不仅能够让使用者了解 WSN 运行状态和采集数据的可靠性，同时为 WSN 维护提供基础数据支撑[7]。如图 1-2 所示为 WSN 可靠性评估系统的模型，主要完成以下三个方面的工作。

① 可靠性影响因素分析。根据 WSN 自身工作特点，分析对 WSN 可靠性影响的各种因素，从而确定 WSN 运行可靠性的评估指标和评估框架。

② 运行状态检测。在 WSN 运行过程中，检测各种评估指标的状态，为后续可靠性评估进行数据收集。

③ 可靠性评估。根据运行状态检测结果，分别完成对不同指标的评估，进而实现对 WSN 可靠性的综合评估。

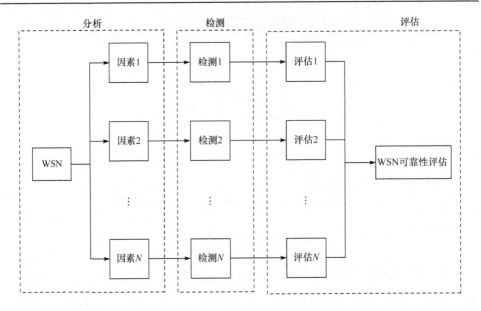

图 1-2 WSN 可靠性评估系统模型

通过以上描述可知，要实现客观、全面的 WSN 可靠性评估，需要考虑评估系统的各个环节，综合利用 WSN 运行中产生的各种信息，才能给出恰当的解决方案。

1.3 无线传感器网络基本构成

1.3.1 无线传感器网络基本结构

WSN 的作用是感知、采集和传输监测区域内监测对象的信息，并对信息进行数据处理和数据融合，将处理后的数据提供给用户[8]。如图 1-3 所示为一个典型的 WSN 基本结构，主要由监测区域传感器节点、无线传输通道、汇聚节点、传输网络、数据处理中心组成[9]。

① 传感器节点主要负责对监测区域内监测对象的信息采集和传输，具有体积小、能耗低等特点，同时具有无线传输、信息采集和数据处理的能力。如图 1-4 所示为传感器节点的基本结构。传感器节点通常由数据采集模块、数据处理模块、数据传输模块和能源供应模块组成。

通过不同的数据采集模块，传感器节点能采集温度、湿度、声音、加速度、压力、光感应等不同类型的信息。

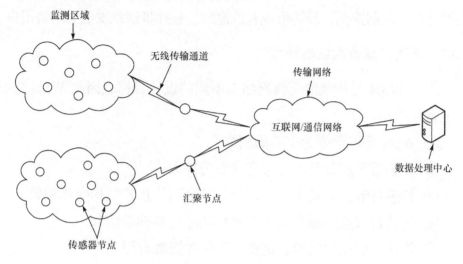

图 1-3　典型的 WSN 基本结构

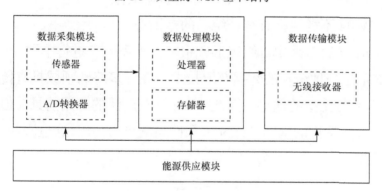

图 1-4　传感器节点的基本结构

② 无线传输通道是传感器节点间或传感器节点与汇聚节点间的数据传输线路，可采用微波、蓝牙、红外线等多种方式通信。

③ 汇聚节点主要负责将下级传感器节点采集的数据通过传输网络发送给数据处理中心，可看作网关节点。通常情况下，汇聚节点功能强大，且不受自身能耗因素的限制。

④ 传输网络是汇聚节点和数据处理中心间的数据传输线路，通常

可采用互联网、通信网络和卫星网络等多种网络形式。

⑤ 数据处理中心主要负责对 WSN 中获取的监测信息进行数据处理、数据融合、数据挖掘，最终形成有价值的信息并将信息发送给网络用户。

1.3.2 无线传感器网络的特点

由于 WSN 与传统的无线网络有不同的设计目标，因此 WSN 具有以下特性[10,11]。

① WSN 是以数据为中心的网络。

② 传感器节点数量和分布密度更为庞大。

③ 传感器节点易发生失效现象，导致网络拓扑结构变化频繁。

④ 传感器节点间通常采用广播机制进行数据通信。

⑤ 传感器节点的电池、运算、存储等资源有限。

⑥ 无线传输通道的带宽、频率等资源有限。

⑦ WSN 不需要拥有全球统一的标识符。

⑧ WSN 通常采用自组织形式组网，无需人工进行干预。

WSN 是一种全新的数据获取技术，在许多特殊领域具有传统数据获取技术无法比拟的优势，因此 WSN 具有广泛的应用前景。但是，由于 WSN 自身特性的限制，WSN 可靠性问题更为突出，这也限制了 WSN 的发展[12]。

1.4 无线传感器网络可靠性相关研究分析

近年来，WSN 可靠性问题引起学术界的广泛关注，全球更多的学者正在把精力投入到 WSN 可靠性问题研究。

1.4.1 无线传感器网络的可靠性研究

当前针对 WSN 可靠性问题的研究主要有以下几个方面。

① 基于传感器节点的研究，主要从传感器节点的故障问题、能耗问题、数据安全问题等出发研究 WSN 的可靠性[13,14]。Distefano 提出从

传感器节点的角度表示 WSN 的可靠性，并从动态系统角度对 WSN 可靠性进行研究[15]。在考虑传感器个体故障和共因故障的情况下，Chowdhury 等提出一种基于蒙特卡罗模拟的可靠性计算方法[16]。为了避免由于缺少接收节点和遭受网络攻击，传感器节点数据破坏，Bahi 等基于流行病学原理提出一种在无人值守 WSN 中传感器节点数据有效性的保障方法[17]。Feng 等建立了一种基于传感器节点故障和能量消耗问题的 WSN 可靠性分析模型[18]。Kabashkin 等设计了一种 WSN 传感器节点可靠性分析的马尔可夫模型[19]。

　　② 基于 WSN 通信网络的研究，主要从路由选择问题、可靠传输问题、网络连通问题等方面对 WSN 的可靠性进行研究[20,21]。例如，Shen 等考虑恶意软件环境，提出一种评估 WSN 可靠性的方法，保障 WSN 数据传输的有效性[22]。在对 WSN 不同路由算法的可靠性和性能进行比较后，Zonouz 等提出一种动态路由算法实现端到端的可靠传输[23]。Cai 等对事件驱动的 WSN 中的数据可靠性问题进行了研究[24]。在考虑网络连通性的基础上，Xu 等建立了一个不确定性随机谱，用来评估移动 WSN 的生存能力[25]。Yan 等提出一种基于多播模型的有序二叉决策图的组播算法，用于评估 WSN 可靠性[26]。为了满足用户对 WSN 传输可靠性评估的需要，Zhu 等提出一种面向任务的基于传输路径的 WSN 传输可靠性评估模型[27]。Ahmed 等针对在 WSN 上传输多媒体数据效率低下的问题，对 WSN 数据包拥塞控制协议进行修改，提出一种轻量化的可靠性机制[28]。Chen 等设计了一种改进的可靠性协同通信数据采集方案，在不降低网络生存周期的前提下，实现提高网络通信的可靠性[29]。

　　③ 基于特殊应用环境下的可靠性研究，主要讨论在特殊应用环境下如何保障 WSN 可靠性问题[30]。例如，Silva 等对工业应用中 WSN 可靠性进行研究[31]。Kumar 等对工业 WSN 的可靠性和实效性服务质量保障进行了研究[32]。Wang 等对人体传感器网络的可靠性进行了研究[33]。Wu 等对部署在一个带状区域的 WSN 的可靠性进行了研究，如煤矿、

桥梁、隧道、峡谷等[34]。

④ 基于对 WSN 可靠性评估框架的研究，主要针对当前 WSN 缺少统一的可靠性评估框架问题[35]。例如，通过从 WSN 的拓扑结构、协议栈结构和可靠性机制方面提取可靠性影响因素。李建平等提出一种基于模糊神经网络的可靠性评估模型[36]。Liu 等提出一种基于广义生成函数的 WSN 可靠性评估模型[37]。针对传感器可靠性提高往往会导致传感器节点功耗增加的问题，Damaso 等提出一种将电池等级作为关键因素的 WSN 可靠性评估模型[38]。Liu 等提出一种基于不可靠链路加权表决系统的 WSN 可靠性评估方法[39]。

1.4.2 无线传感器网络的可靠性评估方法研究

可靠性评估问题是 WSN 可靠性研究的基础和核心问题。针对 WSN 可靠性评估问题进行研究时，不同学者采用不同的方法进行研究，主要分为以下三种方法。

① 定性知识评估法。通过分析 WSN 的工作过程，提取影响 WSN 可靠性的指标，然后采用专家系统、模糊逻辑等方法计算可靠性评估值。

② 数据驱动评估法。基于对 WSN 大量历史数据的分析，发现存在于数据中的特征信息，从而实现对 WSN 的可靠性评估。常用的数据驱动评估法包括神经网络法、蒙特卡罗法、马尔可夫分析法、聚类分析法等。基于数据驱动的 WSN 可靠性评估研究是当前研究的热点。

③ 混合评估法。采用新的技术将定量数据和定性知识进行结合，实现对 WSN 的可靠性评估，如模糊神经网络。这种方法综合定性分析方法和定量分析方法的优点，是当前 WSN 可靠性评估的一个全新研究领域。

1.5 无线传感器网络可靠性研究存在的问题

针对 WSN 可靠性问题的研究已经取得大量的成果，有些方法已经得到实际应用，但是这些成果仍然存在一定的局限性，主要表现在以下几个方面。

1. 内容研究方面

① 在大部分研究中，更关注从某一角度对 WSN 可靠性进行研究。然而，在 WSN 中存在多种可靠性影响因素，这些因素具有相互关联的特性，因此需要建立一种全面、可扩展的可靠性评估框架。

② 在大部分研究中，更关注在 WSN 设计时的可靠性问题。然而，WSN 具有复杂性、多态性、动态可变性，因此对 WSN 运行过程中的可靠性问题也需要深入研究。

2. 研究方法方面

① 在定性知识评估法研究中，由于 WSN 是一种复杂的系统，存在大量不确定的可靠性影响因素，因此专家知识并不能准确地定义评估模型，评估效果不理想。

② 在数据驱动评估法研究中，可靠性评估的准确性取决于样本的完整性。然而，在实际工程中，正常和异常样本的数量存在很大的差异，甚至某些特殊情况下的数据无法得到或模拟。数据样本的不完备性将影响可靠性评估的准确性，同时部分数据驱动评估法缺乏理论支撑，评估过程不可解释。

③ 在混合评估法研究中，目前的方法存在难于学习，过分依赖样本的问题，同时模型的可扩展能力差。

④ 现有的方法都不能有效地利用包含定性知识和定量数据的半定量信息。此外，现有的方法也不能有效、全面地利用各种类型的不确定性信息。在 WSN 中，可以收集大量关于可靠性的不确定性信息，包括专家经验和历史数据，这种半定量信息在评估过程中尤为重要。

1.6　本书的结构安排

本书共六章。第 1 章无线传感器网络可靠性评估系统，叙述研究的背景和意义，对 WSN 基本结构和特点进行描述，分析 WSN 可靠性的国内外研究现状和研究中存在的问题，进而提出本书的研究内容和整体组织结构。第 2 章无线传感器网络可靠性评估框架，对 WSN 可靠性影响因素进行分析，构建 WSN 可靠性评估指标体系，设计 WSN 可靠性评估的框架结构。第 3 章无线传感器网络的节点故障诊断，对故障诊断问题进行描述，设计基于分层置信规则库(belief rule base，BRB)的故障诊断模型，并给出模型推理过程和参数优化方法，最后通过仿真实验验证模型的有效性。第 4 章无线传感器网络的网络入侵检测，对网络入侵检测问题进行描述，设计基于卷积神经网络(convolutional neural network，CNN)的入侵检测模型，并实现数据处理、模型结构设置和模型训练过程，最后通过仿真实验验证模型的有效性。第 5 章无线传感器网络可靠性评估，对 WSN 可靠性评估问题进行描述，设计基于分层 BRB 的可靠性评估模型，并给定模型推理过程和参数优化方法，通过仿真实验验证模型的有效性，并在真实案例中验证本书提出方法的实用性。第 6 章总结与展望，对本书研究进行总结，给出今后的主要研究目标。

本书旨在通过对可靠性相关问题的研究，构建一种具有通用性、可扩展性的 WSN 可靠性评估框架，并针对 WSN 评估过程中存在的问题，给出合理的解决方案，使其能够应用于实际工程中，为 WSN 管理人员实时了解 WSN 运行状态和对 WSN 维护提供基础支撑。

1.7　本　章　小　结

本章重点讨论 WSN 可靠性问题研究的意义，当前 WSN 可靠性的主要研究内容和研究方法，并分析这些研究存在的不足，说明本书的研究价值。

第2章 无线传感器网络可靠性评估框架

2.1 引　　言

WSN 和传统网络具有明显的差异，因此针对 WSN 的可靠性评估与传统网络评估存在明显的不同。传统网络评估更关注网络设计和部署阶段对网络的可靠性进行评估，而 WSN 是一种动态的网络拓扑结构，同时在 WSN 运行过程中，存在多种因素会对 WSN 的可靠性造成影响，因此 WSN 可靠性会不断发生变化[40]。

基于以上原因，本章对 WSN 的运行可靠性进行研究。首先，对 WSN 运行可靠性进行分析，证明 WSN 运行可靠性评估的意义。然后，对 WSN 可靠性影响因素进行分析，汇总对 WSN 可靠性造成影响的主要因素，并基于以上分析构建 WSN 可靠性评估指标体系。最后，基于这一指标体系构建 WSN 可靠性评估框架。

2.2　无线传感器网络运行可靠性

目前，人们并没有对 WSN 的可靠性给出统一的定义。可靠性理论中关于可靠性的定义适用于对 WSN 可靠性进行定义，即在规定的条件下，在规定的时间内，完成规定功能的概率[41]。基于这一定义开展对 WSN 的可靠性研究。WSN 运行可靠性特征主要体现在以下方面。

① WSN 是一种以数据为中心的网络，其最核心的任务是保障收集到监测对象信息的准确性，这也是 WSN 运行可靠性研究的出发点。

② WSN 包含大量传感器节点，很多传感器节点具有相近的功能，因此即使部分传感器节点出现问题，WSN 仍然能够完成对检测对象的

信息收集，但会对 WSN 运行可靠性产生不同程度的影响。

③ WSN 采用自组织组网方式，网络拓扑结构动态可变，因此 WSN 运行过程中的可靠性是动态可变的。

④ 在 WSN 运行过程中，包含多种对 WSN 可靠性造成影响的因素，这些因素不断发生变化，因此对 WSN 可靠性的影响也不断变化。

⑤ WSN 的可靠性受影响因素类型、影响因素作用范围、影响因素作用频率等条件的影响。

基于以上研究，对 WSN 运行可靠性进行研究时，首先要充分分析对 WSN 产生影响的主要因素。

2.3　无线传感器网络可靠性影响因素

在 WSN 运行过程中，包含多种对 WSN 可靠性产生影响的因素。根据来源，这些影响因素主要包含以下几个方面。

2.3.1　传感器节点

由于 WSN 的工作特性，传感器节点自身存在局限和不足，这会对 WSN 可靠性造成影响，主要体现在以下方面[42]。

① 传感器节点运算资源和存储资源有限，导致传感器节点的运算、存储、转发能力被限制。当频繁进行数据处理时，会产生系统数据处理延迟或者数据丢失问题。

② 传感器节点能源供应有限，且不可再生，导致由于长时间的工作，传感器节点能源供应逐渐下降。当传感器节点能源供应不足时，会传感器节点数据采集的精度下降，甚至功能失效。

③ 由于传感器节点成本的限制，传感器节点硬件设计简单，传感器节点易发生故障，使传感器节点部件功能失效。

④ 由于传感器节点资源限制，传感器节点软件系统采用精简方式设计，当遇到特殊问题时，易发生传感器节点软件故障，WSN 获取的

数据准确性受到影响。

2.3.2　无线通信

由于 WSN 通信机制和外部条件的影响，WSN 可靠性受到影响，主要体现在以下方面[43]。

① 无线通信网络带宽有限，当出现大量数据通信时，会造成网络带宽被耗尽，发生数据丢包问题。

② 由于 WSN 采用自组织组网方式，WSN 拓扑动态可变，因此 WSN 传输稳定性受到影响。

2.3.3　工作环境

由于 WSN 通常运行于复杂的自然环境中，其自身的可靠性会受到外部环境的影响，主要体现在以下方面[44]。

① 电磁干扰。WSN 采用无线通信机制，其通信信号会受到外界电磁辐射的干扰，产生数据失真问题。

② 地理环境。WSN 通常工作于自然环境中，其信号会受到物理环境，如障碍物等因素影响，产生数据丢失问题。

③ 天气变化。WSN 的传感器节点的采集探头和通信天线直接暴露于自然环境中，受日晒、风吹、雨淋等影响，容易造成传感器节点出现硬件故障。

2.3.4　物理破坏

由于 WSN 工作环境特殊，在很多环境下无法对 WSN 全网节点进行实时监控。传感器节点设备易受到人类或野生动物的直接破坏，导致 WSN 可靠性受到影响，主要体现在以下方面[45]。

① 非法用户破坏。WSN 运行的环境开放，传感器节点容易被非法用户窃取，导致传感器节点被修改或破坏。

② 野生动物破坏。WSN 运行的区域会出没各种野生动物，这些动

物可能对设备进行破坏。

2.3.5　网络攻击

由于 WSN 利用公共网络将数据汇总到数据处理中心，因此 WSN 会受到来自外部的攻击，使 WSN 可靠性受到影响，主要体现在以下方面[46,47]。

① WSN 安全机制和带宽资源有限，当发生不对等网络攻击时，会造成网络资源耗尽、数据大量丢失等问题。

② 传感器节点安全机制有限，当遭到网络攻击时，易导致数据丢失和被篡改，从而破坏 WSN 数据的真实性。

通过以上分析，在 WSN 中存在多种对可靠性产生影响的因素，进一步对影响因素进行分类，可以分为内部因素和外部因素两个方面。内部因素表现在 WSN 运行机制对可靠性产生影响的因素。外部因素表现在 WSN 运行过程中由于受到外力作用对可靠性产生影响的因素。如表 2-1 所示为可靠性影响因素分类表。

表 2-1　可靠性影响因素分类

WSN 可靠性	来源	主要因素
内部因素	传感器节点	传感器运算资源和存储资源有限
		传感器节点能源供应有限
		传感器节点硬件设计简单
		传感器节点软件设计简单
	无线通信	无线通信网络带宽有限
		网络拓扑动态可变
	工作环境	电磁辐射
		地理环境
		天气变化
外部因素	物理破坏	非法用户
		野生动物
	网络攻击	网络安全机制有限
		节点安全机制有限

2.4　无线传感器网络可靠性评估指标体系

在对 WSN 的运行可靠性评估指标体系研究时，需要尽可能全面地反映 WSN 运行的真实情况，不遗漏重要的体系指标。在 WSN 运行过程中，WSN 的核心任务是对监测对象的信息采集，因此对 WSN 的运行可靠性评估时，需要充分考虑不同可靠性影响因素对 WSN 的数据产生的影响。因此，在对 WSN 进行可靠性评估时，采用多级评估体系结构，如图 2-1 所示为基于不同影响因素对 WSN 数据的影响效果，构建的 WSN 可靠性评估体系结构。

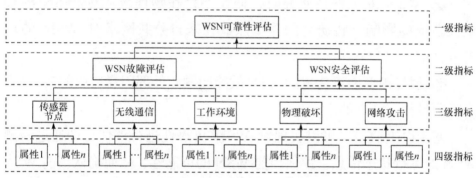

图 2-1　WSN 可靠性评估体系结构

① 一级指标。WSN 可靠性评估。

② 二级指标。对 WSN 可靠性产生影响的因素分类，其中内部因素主要会造成 WSN 的故障问题，外部因素主要会造成 WSN 的安全问题，因此指标设置为 WSN 故障评估和 WSN 安全评估。

③ 三级指标。根据二级指标的主要产生来源，对 WSN 故障评估主要包含传感器节点故障评估、无线通信故障评估、工作环境评估；对 WSN 安全评估主要包含物理破坏评估和网络攻击评估。

④ 四级指标。四级指标是对不同三级指标评估时需要考虑的主要属性，如传感器节点故障评估时，主要考虑传感器的故障类型、传感器的故障率等属性。

2.5　无线传感器网络可靠性评估框架

在对 WSN 可靠性评估问题进行研究时，需要自底向上，通过完成每一个指标的所有子指标的评价，实现对当前指标的评估。因此，在对 WSN 运行可靠性进行评估时，需要分别对故障问题和安全问题进行评估。为了简化可靠性评估模型，研究时做以下假设。

① WSN 故障评估研究时，假设无线通信始终是完好的，且不考虑由环境因素造成的 WSN 的瞬时故障问题，将研究的侧重点放在 WSN 节点故障方面。

② WSN 安全评估研究时，假设不存在物理破坏对 WSN 的安全性造成的影响，将研究的侧重点放在来自公共网络对 WSN 的攻击方面。

③ 假设内部因素造成的 WSN 故障问题和外部因素造成的 WSN 安全问题是相互独立的。

基于以上假设，可以实现对 WSN 可靠性进行评估，即通过检测 WSN 的运行状态信息，评估当前 WSN 的可靠性，从而确认当前 WSN 收集到的数据的有效性和网络运行的安全性。如图 2-2 所示为基于以上假设进行精简后的 WSN 可靠性评估精简结构图。此时，WSN 可靠性评估研究主要包含 WSN 的节点故障和网络攻击。

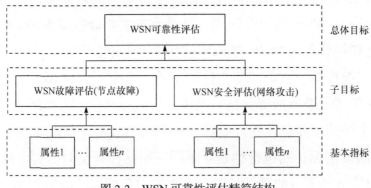

图 2-2　WSN 可靠性评估精简结构

2.5.1 无线传感器网络运行状态检测

在对 WSN 运行可靠性进行评估时，首先需要完成不同的子目标评估。通过对当前 WSN 不同运行状态的数据进行分析，获取不同评估指标的数据信息，并以此作为对不同子目标的评估依据。WSN 的运行受多种因素的影响，其运行可靠性会不断发生变化，因此在进行 WSN 运行可靠性评估时，需要对其运行状态进行检测，获取当前 WSN 状态下不同评估指标的数据信息。对 WSN 的运行状态进行检测，主要从以下两个方面展开。

1. 基于内部因素的运行状态检测

如图 2-3 所示为基于内部因素的运行状态检测，通过对传感器节点采集信息进行分析，实现对传感器节点的故障诊断，从而检测 WSN 中各个传感器节点的运行状态，获取对 WSN 进行故障评估所需要的基本指标数据。通过分析这些数据对 WSN 故障评估产生的影响，将 WSN 故障评估的基本指标设置为故障类型和故障率。故障类型包括漂移偏差故障、精度下降故障、固定偏差故障、完全失效故障。故障率表示 WSN 出现故障的传感器节点数量占全部传感器节点的比例。

图 2-3　基于内部因素的运行状态检测

2. 基于外部因素的运行状态检测

如图 2-4 所示为基于外部因素的运行状态检测，通过对 WSN 的网络连接数据进行分析，实现对网络的入侵检测，从而检测网络的运行状态，获取对 WSN 进行安全评估所需要的基本指标数据。通过分析这些数据对 WSN 安全产生的影响，将 WSN 安全评估的基本指标设置为攻击类型和攻击频率。攻击类型包括病毒与木马攻击、拒绝服务(denial of service，DoS)攻击、网络嗅探和扫描(Probing)攻击、非法获得用户权限(user to root，U2R)攻击、来自远程的非授权访问(remote to login，R2L)攻击。攻击频率表示单位时间内网络受到攻击的次数。

图 2-4　基于外部因素的运行状态检测

通过以上分析，将 WSN 的运行状态检测问题转换成了对 WSN 的节点故障诊断和 WSN 的网络入侵检测问题，即通过合理设计故障诊断方法和入侵检测方法，准确获取 WSN 的不同运行状态信息，并将这些信息作为 WSN 故障评估和 WSN 安全评估的依据，从而实现 WSN 可靠性评估。

2.5.2　分层可靠性评估模型的建立

在对 WSN 可靠性问题研究时，采用分层评估的思想。分层评估方式模仿人对复杂决策的思维和判断过程，对复杂问题进行分解，先分别完成相对简单的子目标，再对子目标的结论进行整合，实现复杂问题的求解。

在实现 WSN 可靠性评估时，构建基于分层结构的可靠性评估模型，将其分解为 WSN 故障评估问题和 WSN 安全评估问题。如图 2-5 所示为 WSN 可靠性评估的分层评估模型，首先利用故障诊断方法和入侵检测方法获取 WSN 的运行状态信息，然后得到 WSN 故障评估和 WSN 安全评估的基本指标，实现对不同子目标进行评估，最后整合不同子目标的评估结果，实现 WSN 的可靠性评估。

2.5.3　可靠性问题研究框架

通过以上分析，进行 WSN 可靠性评估时，考虑对 WSN 可靠性影

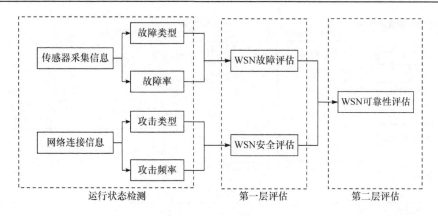

图 2-5　分层评估模型

响的因素，将 WSN 可靠性评估问题分解成 WSN 故障评估和 WSN 安全评估。因此，为了实现对 WSN 的可靠性评估，就需要考虑这些相关问题的解决方案，即如何发现这些问题和如何评估这些问题。通过对不同问题的机理和相关属性的分析，选取不同方法解决不同 WSN 可靠性相关问题。如图 2-6 所示为构建的 WSN 可靠性问题研究框架，主要体现以下方面。

① WSN 的节点故障诊断。在对 WSN 故障评估问题研究时，需要设计合理故障诊断方法，获取评估需要的关键数据。这里通过对 WSN 数据处理中心收集的各传感器节点数据进行分析，利用分层 BRB 方法实现对 WSN 的节点故障诊断。

② WSN 的网络入侵检测。在对 WSN 安全评估问题研究时，利用入侵检测方法获取安全评估的关键数据。这里通过对 WSN 的网络连接数据进行分析，利用 CNN 方法实现对 WSN 的网络入侵检测。

③ WSN 的可靠性评估。在对 WSN 可靠性问题研究时，通过汇总以上方法获取的节点故障状态信息和网络安全状态信息，利用分层 BRB 方法实现对 WSN 的可靠性评估。

为了保障从 WSN 中获取数据的有效性，需要对当前 WSN 运行的可靠性进行评估。如图 2-7 所示为构建的 WSN 可靠性评估系统拓扑结

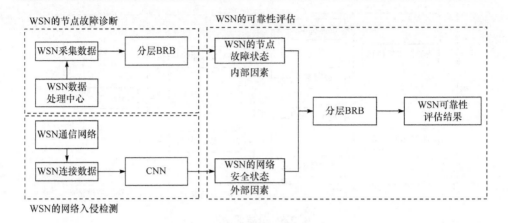

图 2-6　WSN 可靠性问题研究框架

构图。由汇聚节点实现对 WSN 的网络入侵检测，其网络入侵检测的模型参数由深度学习(deep learning，DL)训练中心提供，并将检测结果发送给数据处理中心。在设计时，为避免汇聚节点故障造成的入侵检测设备失效问题，采用冗余机制在不同汇聚节点同时进行设备布置。由数据处理中心实现节点故障诊断，并对检测获得的节点故障状态和网络安全状态进行分析，实现对当前 WSN 可靠性的评估。

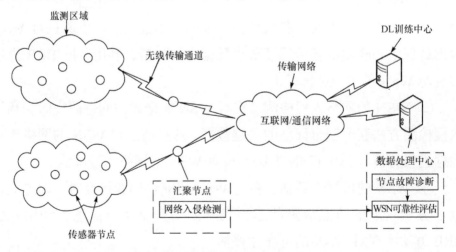

图 2-7　WSN 可靠性评估系统拓扑结构

2.6　本 章 小 结

本章对 WSN 运行可靠性进行研究，分析对 WSN 运行可靠性产生影响的主要因素，将这些影响因素划分为内部因素和外部因素，并构建 WSN 可靠性评估的指标体系。通过合理假设，将内部因素检测归纳为 WSN 的节点故障诊断问题，将外部因素检测归纳为 WSN 的网络入侵检测问题。通过对相关问题的研究构建 WSN 可靠性评估框架，提出分层可靠性评估模型，定义 WSN 可靠性相关问题研究框架。

第3章　无线传感器网络的节点故障诊断

3.1　引　　言

为实现 WSN 的运行可靠性评估，需要获取相关评估指标的具体数据信息，即实现对不同影响因素的检测。通过第 2 章的分析，WSN 的可靠性影响因素可以归纳为内部因素和外部因素两个方面。在内部因素中，本章主要针对 WSN 的节点故障，将 WSN 的内部因素检测问题转换成对 WSN 的节点故障诊断问题。

3.2　无线传感器网络的故障

WSN 的数据处理中心能够收集各个传感器节点采集的数据，通过对不同传感器节点的数据进行分析，实现数据融合。传感器节点故障产生的异常数据会严重影响数据融合的准确性。由于不同故障产生的异常数据的数据特征存在明显的差异，因此针对数据处理中心的不同传感器节点数据进行故障诊断是一种可行的方法。它能够及时检测和纠正 WSN 故障，保证数据融合的准确性[48]。

3.2.1　无线传感器网络的节点故障类型

当传感器节点发生故障时，数据处理中心收集的传感器节点数据中通常会包含大量的异常数据。不同故障类型产生的异常数据表现形式一般也不同。如图 3-1 所示为 WSN 节点故障类型的特征。根据 WSN 中异常数据所表现的现象进行分类，主要包含以下故障类型[49,50]。

① 漂移偏差故障。如图 3-1(a)所示为发生漂移偏差故障时，测量值

和真实值之间的对比。测量值与真实值之间存在偏差，且随着时间的变化，测量值和真实值之间的偏差会逐渐增大。

② 精度下降故障。如图 3-1(b)所示为发生精度下降故障时，测量值和真实值之间的对比，由于传感器节点测量的精度降低，测量值在真实值上下无规则的波动。

③ 固定偏差故障。如图 3-1(c)所示为发生固定偏差故障时，测量值和真实值之间的对比。测量值和真实值之间始终存在一个固定的误差。

④ 完全失效故障。如图 3-1(d)所示为发生完全失效故障时，测量值和真实值之间的对比。由于传感器节点已经完全失效，传感器节点的测量结果为一个恒定的值。

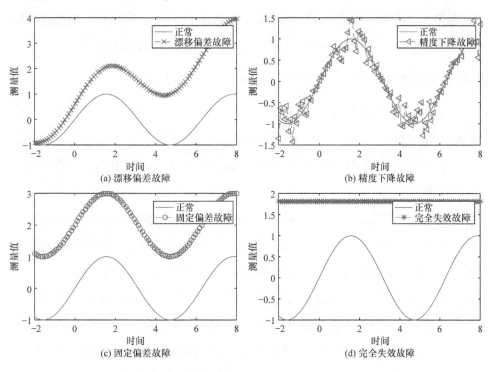

图 3-1　WSN 节点故障类型的特征

3.2.2　无线传感器网络的故障诊断问题研究

由于 WSN 的节点受到自身工作特性的影响，通常在采集的数据中会包含大量的异常数据,如果这些数据不能被及时的发现将导致数据融合的准确性下降,因此建立一种有效的 WSN 节点故障诊断方法是非常重要的。当前,WSN 的故障诊断已经成为一个热点问题,很多学者提出不同的故障诊断方法。通过使用模糊多层感知器神经网络,Swain 等提出一种多传感器节点间的故障诊断协议[51]。基于多数表决机制,Park设计了一种特殊的故障诊断算法,并将该算法应用于 IEEE 802.15.4 网络[52]。Panda 等提出一种改进的基于自故障诊断算法的三西格玛编辑测试方法,并将该方法应用于传感器节点软件和硬件的故障诊断[53]。Lo 等提出一种基于局部对比验证的分布式故障诊断方法[54]。为了解决 WSN 故障诊断问题,Chanak 等提出一种基于移动汇聚节点的分布式故障诊断算法[55]。从 WSN 的故障特征和故障诊断的自学习能力等方面进行研究,赵等提出一种基于免疫危险理论的节点故障诊断算法[56]。

3.2.3　无线传感器网络的故障诊断研究存在的不足

通过对以上研究的分析发现,WSN 的故障诊断方法主要包含定性知识法和数据驱动法[57,58]。在定性知识法中,通过从 WSN 特征中总结的专家知识,实现 WSN 故障诊断,如基于专家系统的故障诊断方法。在数据驱动法中,通过对 WSN 中的海量数据进行特征学习和分析,实现对 WSN 的故障诊断,如神经网络、智能粒子滤波方法等。不同的故障诊断方法适用于不同的应用环境,定性知识法依赖专家经验的准确性,而数据驱动法更依赖训练样本数据的完整性和准确性。在 WSN 中,传感器节点和通信网络都会受到多种外部不确定因素的干扰,因此专家很难提供完整准确的主观知识。同时,WSN 的工作特性导致采集的数据本身存在不完整性特征,因此很难为模型训练提供全面的训练样本。基于以上原因,可见以上两种故障诊断方法都存在一定的局限性,如何有效的利用这些不确定的定量信息和定性知识,构建 WSN 的节点故障诊断模型是当前的研究难点。

WSN 中存在大量定性和定量的不确定信息,这会影响 WSN 节点故障诊断的结果。例如，传感器节点运行的不确定性会影响数据采集的不完整性，传感器节点位置的分散性和环境变化引起的随机性会影响专家知识的准确性。因此，基于单独定性知识或定量信息，对 WSN 的节点故障问题进行研究都存在一定的局限性，而 BRB 方法可以很好地解决这一问题。本章通过对 WSN 节点数据的时间相关性、空间相关性、属性相关性进行分析，提出一种基于分层 BRB 的故障诊断方法。该方法能够有效利用定性知识建立模型，并利用定量数据对模型参数进行训练，通过对 WSN 中各种信息的综合利用，实现更加合理、准确的节点故障诊断。

3.3　置信规则库

BRB 的本质是一种专家系统，由一定数量的置信规则组成，能够有效处理信息中的各种不确定性因素，从而合理地建立从输入到输出的非线性模型。

3.3.1　置信规则库模型

2006 年，Yang 等提出基于置信规则库的证据推理方法(belief rule-base inference methodology using evidence reasoning，RIMER)。区别于仅能处理某种不确定性问题的传统方法，RIMER 能够同时描述信息的模糊不确定性和概率不确定性，同时具有对非线性特征的数据进行建模的能力[59]。RIMER 主要包括知识表达和知识推理[60]。知识表达通过 BRB 来实现，知识推理通过证据推理(evidence reasoning, ER)算法实现。基于 BRB 的复杂系统建模方法在多个领域具有广泛的应用[61]。Xu 等提出一种 BRB 学习策略，并将其应用于石油管道的故障检测问题[62]。张邦成等成功地将 BRB 应用于数字机床的故障诊断[63]。Liu 等设计了一种用于工程系统分析的模糊 BRB 方法，并将其用于模拟海洋工程系统的安全检测[64]。为了使用各种测试环境下的故障数据实现新产品的寿命评估，Zhou 等提出一种新的 BRB-ER 模型[65]。

如图 3-2 所示为 BRB 模型的基本工作流程。BRB 模型能够将包含定量信息和定性知识的输入数据转换到统一的置信分布框架下，再利用 ER 算法对生成的规则进行知识推理，获得对应输出结果的置信度[66,67]。构建 BRB 模型需要完成以下三部分工作。

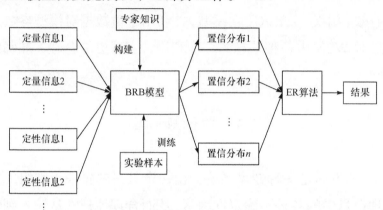

图 3-2　BRB 模型的基本工作流程

① 基于专家知识构建 BRB 模型。通过对问题进行分析，选取问题的关键性因素作为前提属性。根据专家知识进行模型初始参数的设定，并为前提属性和输出结果设置参考点和参考值，构建 BRB 的置信规则，并设置每条置信规则的初始置信度。

② 利用 ER 算法实现对 BRB 模型推理。根据具体问题和 BRB 模型的特性，选取恰当的 ER 算法对模型进行知识推理，实现将输入信息转换为输出结果的置信度[68]。

③ 利用智能优化算法实现对 BRB 模型参数的优化。模型初始参数值由专家知识设定，对于复杂系统，这些参数值并不是非常准确，因此利用带标签的样本通过智能优化算法实现模型参数的优化。

3.3.2　置信规则库模型构建

专家系统是指利用存储在计算机中的特定专家知识，解决原本只能由专家解决的现实问题的计算机系统。BRB 的本质是一种专家系统，在知识获取时，通常需要对研究的问题进行机理分析，并结合专家多年积累的有效经验和专门知识定义知识库。在知识表示时，BRB 基于 IF-THEN 规则对知识进行描述，一个完整的 BRB 模型可以描述为

$$R_k: \text{If } \left(x_1 \text{ is } A_1^k\right) \wedge \left(x_2 \text{ is } A_2^k\right) \wedge \cdots \wedge \left(x_M \text{ is } A_M^k\right),$$

$$\text{Then } \left\{\left(D_1, \beta_{1,k}\right), \left(D_2, \beta_{2,k}\right), \cdots, \left(D_N, \beta_{N,k}\right)\right\}$$

$$\text{With a rule weight } \theta_k \text{ and attribute weight } \delta_1, \delta_2 \cdots, \delta_M$$

其中，R_k 表示 BRB 模型中第 k 条规则；x_i 表示输入样本的第 i 个前提属性的取值；A_i^k 表示在第 k 条规则下第 i 个前提属性的参考值，初始状态时，该参考值基于专家知识进行定义；D_j 表示输出结果的第 j 个评价等级；$\beta_{j,k}$ 表示在第 k 条规则下产生第 j 个评价等级的置信度；θ_k 表示第 k 条规则的权重，用来反映一条规则在推理结果中的重要性；δ_i 表示第 i 个前提属性的权重，用来反映一个前提属性的相对重要性，这对于规则的推理结果至关重要。

通过以上分析，BRB 模型在 IF-THEN 规则的结论部分引入置信度，在规则描述时，引入前提属性权重和规则权重。由此可见，BRB 是由一系列的置信规则组成的集合，能够有效利用各种类型的信息，从而构建输入和输出之间的非线性模型。

3.3.3　置信规则库推理方法

BRB 能够对不同类型的知识进行描述，而对于 BRB 的知识推理则采用 ER 算法实现。ER 算法能融合不同类型的信息，获得输出结果置信度，且 ER 算法计算过程是线性的，计算复杂度小，具有处理包含各种不确定性信息的能力[69,70]。目前，对于 ER 的推导过程主要有两种不同算法。

① 迭代合成算法。算法将置信度转换成基本概率质量，再利用 Dempster 准则进行规则结合，最终将结论的基本概率设置转换为置信度。这种算法推理过程复杂，适合无训练 BRB 模型推理。

② 解析合成算法。算法通过解析表达式直接计算结论的置信度。这种算法推理过程简单，适合可训练的 BRB 模型推理。

　　BRB 的基本运行思想是获得输入信息时，利用 ER 算法对置信规则进行组合，产生最终的系统输出结果。如图 3-3 所示为 BRB 的推理过程，主要包括计算置信规则激活权重和利用 ER 算法进行推理，可以产生输入信息对于不同评价结果的置信度。

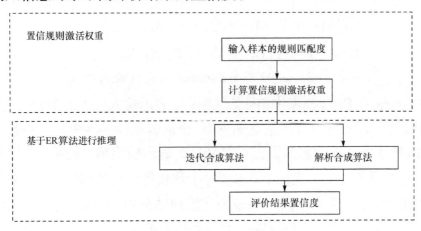

置信规则激活权重

输入样本的规则匹配度

计算置信规则激活权重

基于ER算法进行推理

迭代合成算法　　　解析合成算法

评价结果置信度

图 3-3　BRB 的推理过程

3.3.4　置信规则库参数优化算法

　　BRB 模型的参数直接影响 BRB 输出结果的准确性。BRB 的初始模型参数由专家根据经验给定，这导致模型参数中存在一定的主观性，不能完全客观地反映实际问题。

　　在 BRB 中，可以通过优化算法实现对模型参数的优化，提高 BRB 的实际精度。目前，常见的智能优化算法主要包括以下几类。

　　① 模拟退火算法。基于固体退火原理的通用随机搜索算法，具有计算过程简单、通用、鲁棒性强等优点，但存在收敛速度慢，且对于初始参数敏感度高的问题[71,72]。

　　② 遗传算法。通过自然界的遗传和选择的机理来寻找最优解，是一种全局优化算法，具有优化结果与初始值无关、算法独立于求解空间、鲁棒较强、易与其他算法结合的优点，但存在易收敛于局部最优解、计算量大、对高维问题处理能力差、稳定性差、难以处理非线性约束的问题[73,74]。

③ 神经网络算法。通过模拟生物神经网络运行机制进行问题求解，是一种监督式的学习算法，具有强大的非线性拟合能力、学习规则简单、具有记忆能力和自学能力等优点，但存在无法解释推理过程和推理依据、样本不充足时训练结果差等问题[75,76]。

④ 免疫算法。受生物免疫系统启发的智能搜索算法，集合先验知识和生物免疫系统自适应的特点，具有学习和记忆功能、鲁棒性强、信息处理能力较强等优点，但存在缺少统一的理论框架、容易陷入局部最优解、后期收敛速度慢等问题[77,78]。

⑤ 群体智能算法。基于社会性动物的自组织行为的智能优化算法，如粒子群算法、蚁群算法等，其个体行为简单，但通过协作能够实现复杂行为。算法具有结构简单、易理解、无集中控制、具有多代理机制等优点，但存在缺少普遍意义的理论分析、模型参数设置没有理论依据、对应用环境依赖性较大等问题[79,80]。

3.4　无线传感器网络的节点故障诊断问题

3.4.1　无线传感器网络的节点故障诊断问题定义

在 WSN 数据处理中心，通过对收集的各传感器节点数据进行分析，实现 WSN 的节点故障诊断。为了对这个过程进行描述，分别做以下定义。

① 定义 $y(t)$ 和 $\hat{y}(t)$ 为系统的输出，其中 $y(t)$ 表示对 WSN 故障检测，包含正常和异常两种结果；$\hat{y}(t)$ 表示对 WSN 的节点故障类型的判定，包含正常、漂移偏差故障、精度下降故障、固定偏差故障、完全失效故障五种结果。

② 定义 $X_n^m(t)$ 为故障检测的数据集，包含从所有传感器节点采集到的数据，可以描述为

$$X_n^m(t) = \begin{bmatrix} x_1^1(t) & \dots & x_n^1(t) \\ \vdots & & \vdots \\ x_1^m(t) & \cdots & x_n^m(t) \end{bmatrix}$$

其中，$x_n^m(t)$ 表示在 t 时刻第 m 个传感器采集到的第 n 种类型的数据。

③ 定义 $A_i^m(t)$ 为故障类型判断的前提属性数据集，通过对 $X_n^m(t)$ 中数据间的特征进行抽取产生，可以描述为

$$A_i^m(t) = \begin{bmatrix} a_1^1(t) & \dots & a_i^1(t) \\ \vdots & & \vdots \\ a_1^m(t) & \cdots & a_i^m(t) \end{bmatrix}$$

其中，$a_i^m(t)$ 表示在 t 时刻第 m 个传感器的第 i 个前提属性的数据。

WSN 的节点故障诊断主要包含故障检测和故障类型判断两部分工作。

3.4.2　无线传感器网络的节点故障检测

在故障检测时，通过对数据中心各传感器采集到的数据进行分析，发现可能存在的传感器故障，因此 t 时刻故障检测过程可以描述为

$$y(t) = f(X_n^m(t), R)$$

其中，$f(\cdot)$ 表示从传感器采集的数据到故障检测结果的转换过程；R 表示在这个转换过程中的参数集合。

3.4.3　无线传感器网络的节点故障类型判断

直接从数据中发现传感器故障类型是困难的，需要通过特征提取获得数据中的前提属性，从而发现 WSN 故障类型，因此在 t 时刻故障类型判断的过程为

$$\hat{y}(t) = g\left(A_i^m(t), \eta\right)$$

其中，$g(\cdot)$ 表示从传感器前提属性数据到故障类型判断结果的转换过程；η 表示在这个转换过程中的参数集合。

前提属性的获取依赖对传感器数据特征的分析。基于这一需求，从

传感器数据抽取前提属性的过程可以描述为

$$A_i^m(t) = h(X_n^m(t), \mu)$$

其中，$h(\cdot)$ 表示从传感器数据到前提属性的转换过程；μ 表示在这个转换过程中的参数集合。

因此，传感器数据到故障类型判断的过程可以描述为

$$\hat{y}(t) = g(h(X_n^m(t), \mu), \eta)$$

通过本节分析，定义在故障诊断过程中需要解决的问题，包括在故障检测中 $f(\cdot)$ 和相关参数 R 的求解，在故障类型判断中 $g(\cdot)$、$h(\cdot)$ 和相关参数 η、μ 的求解。

3.5　传感器数据相关性分析

通过对 WSN 工作机理的分析，传感器节点采集的数据中存在数据相关性特征，主要体现在以下方面。

① 时间相关性。在一个较小的时间段内，传感器连续采集的数据值具有相似性特征。

② 空间相关性。在一定的区域内，在同一时刻，相邻传感器采集到的数据值具有相似性特征。

③ 属性相关性。在同一时刻，传感器采集的不同类型数据间存在相关性特征，如采集的温度和湿度类型数据。

3.5.1　时间相关性

基于时间相关的前提属性，定义一个时间段，分析这段时间数据存在的特征，从而提取前提属性。对于时间序列，可以采用以下公式提取不同的前提属性。

均值为

$$\bar{x} = \frac{1}{n} \sum_{i=1}^{n} x_i$$

均方值为

$$s = \frac{1}{n}\sum_{i=1}^{n} x_i^2$$

方差为

$$\sigma^2 = \frac{1}{n-1}\sum_{i=1}^{n}(x_i - \bar{x})^2$$

标准差为

$$\sigma = \sqrt{\frac{1}{n-1}\sum_{i=1}^{n}(x_i - \bar{x})^2}$$

偏度为

$$s_k = \frac{\dfrac{1}{n-1}\sum_{i=1}^{n}(x_i - \bar{x})^3}{\sigma^3}$$

峰度为

$$u_n = \frac{\dfrac{1}{n-1}\sum_{i=1}^{n}(x_i - \bar{x})^4}{\sigma^4}$$

其中，n表示时间间隔内采集到的数据个数；x_i表示某时刻采集的数据；$\bar{x}$表示均值；s表示均方值；σ^2表示方差；σ表示标准差；s_k表示偏度；u_n表示峰度。

3.5.2 空间相关性

基于空间相关的前提属性，对传感器节点进行聚类分析，通过簇内节点之间数据的比较提取空间相关性的前提属性，通常用残差分析可以发现传感器的异常数据。数据归一化的残差计算公式为

$$x' = \frac{x - \bar{x}}{\sigma}$$

其中，$\bar{x}$表示簇内节点采集数据的均值；σ表示标准差。

3.5.3 属性相关性

基于属性相关的前提属性，选择传感器采集的数据中具有相关性的

属性，通过不同属性间的对比分析，提取属性相关性的前提属性，通常可以通过比例关系或者相关系数实现，具体公式描述以下。

比例关系为

$$r_{a,b} = \frac{x_a(t)}{x_b(t)}$$

其中，$x_a(t)$ 表示传感器 t 采集的属性 a 的数据值。

相关系数为

$$\rho_{a,b} = \frac{\sum\limits_{i=1}^{n}\left(x_{a,i} - \overline{x}_a\right) \times \left(x_{b,i} - \overline{x}_b\right)}{\sqrt{\sum\limits_{i=1}^{n}\left(x_{a,i} - \overline{x}_a\right)^2 \times \sum\limits_{i=1}^{n}\left(x_{b,i} - \overline{x}_b\right)^2}}$$

其中，$x_{a,i}$ 表示在某个时间间隔内传感器第 i 次采集的属性 a 的数据值。

WSN 节点采集的数据中具有时间相关性、空间相关性、属性相关性的特征。当 WSN 发生故障时，这些相关性特征也发生改变，因此可以建立从相关性特征到传感器故障类型的映射关系。同时，数据中心获取的数据受外部多种因素的影响，导致数据中提取的定性知识和定量信息存在多种不确定性。BRB 能够综合利用定性知识和定量信息，具有良好的处理各种不确定性的能力，由此提出一种基于分层 BRB 的故障诊断方法[81]。

3.6　基于置信规则库的节点故障诊断模型

WSN 的故障诊断包含故障检测和故障类型判断两部分。如图 3-4 所示为故障诊断模型的工作流程。在故障检测中，对传感器节点数据进行分析可以发现存在的异常数据。在故障类型判断中，提取传感器节点数据的前提属性，通过分层 BRB 模型可以发现传感器节点故障类型。

3.6.1　故障检测

在 WSN 中，当传感器节点发生故障时，会产生大量偏离正常值的异常数据，通过正常数据和异常数据的比较能够实现 WSN 的故障检测。

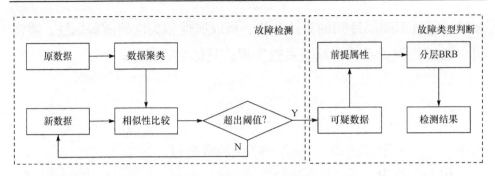

图 3-4　故障诊断模型工作流程

为了合理地实现故障检测，需要对传感器节点进行聚类分析，对簇内传感器节点间的数据进行相似性比较，当一定时间内传感器节点数据累计偏差超出预定阀值时，则认为当前传感器节点可能发生故障。传感器节点偏差数据计算公式可以描述为

$$(\sigma_n^m)^2 = \frac{\sum\limits_{t=1}^{T}\left(x_n^m(t)-u_n(t)\right)^2}{T}$$

其中，$u_n(t)$ 表示在 t 时刻，簇内所有传感器节点采集数据的均值；T 为设定的时间间隔。

3.6.2　故障类型判断

在故障类型判断时，很难直接从传感器节点数据中发现故障类型，因此要对数据进行特征分析。通过对传感器节点数据相关性的分析，数据的前提属性可以通过数据相关性特征进行提取，包括时间相关性、空间相关性、属性相关性。为了合理利用这些前提属性构建 BRB 模型，同时解决 BRB 模型由于前提属性过多产生的规则爆炸问题，提高 BRB 模型检测准确率，一种分层 BRB 模型结构被提出。如图 3-5 所示为分层 BRB 系统的基本结构，利用当前层 BRB 的输出结果作为下一层 BRB 模型的输入，可以实现将一个复杂的 BRB 模型转换成多个简单的 BRB 模型。

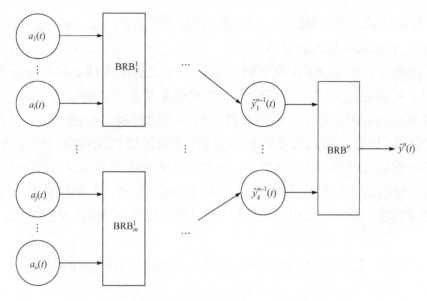

图 3-5　分层 BRB 系统基本结构

为了实现基于分层 BRB 的故障类型判断，需要完成其包含的每一个 BRB 模型的构建。每个 BRB 模型都是由一系列的置信规则组成，其中每条置信规则可以描述为

$$R_k \text{ of } \text{BRB}_j^i : \text{If } a_1(t) \text{ is } A_1^k \land a_2(t) \text{ is } A_2^k, \cdots, a_m(t) \text{ is } A_M^k$$

$$\text{Then } \left\{ \left(D_1, \beta_{1,k} \right), \cdots, \left(D_N, \beta_{N,k} \right) \right\}$$

$$\text{With a rule weight } \theta_k$$

$$\text{and attribute weights } \overline{\delta}_1, \overline{\delta}_2, \cdots, \overline{\delta}_M$$

其中，BRB_j^i 表示第 i 层的第 j 个 BRB；R_k 表示 BRB 中的第 k 条规则；$a_m(t)\,(m=1,2,\cdots,M)$ 表示在 t 时刻第 m 个前提属性的值，在第一层 BRB 中 $a_m(t)$ 为根据数据相关性提取的特征信息，在第 i 层 BRB 中 $a_m(t)$ 为第 $(i-1)$ 层 BRB 的输出；A_m^k 表示基于对 $a_m(t)$ 的分析由专家设定参考值；M 表示前提属性的个数；θ_k 表示第 k 条规则的规则权重；$\overline{\delta}_m\,(m=1,2,\cdots,M)$ 表示第 k 条规则的属性权重，在 WSN 的节点故障类型判断中，由于 BRB 的前提属性是相互独立的，因此它们具有相同权重可以设置为 $\overline{\delta}_m=1\,(m=1,2,\cdots,M)$；$D_n\,(n=1,2,\cdots,N)$ 表示第 k 条规则的第 n 个诊断结果，根据 WSN 故障类型，D_n 包含 5 个输出结果，分别为正常、漂移偏差故

障、精度下降故障、固定偏差故障、完全失效故障；$\beta_{n,k}(n=1,2,\cdots,N)$ 表示第 D_n 个诊断结果的置信度。

因此，在构建 BRB 模型时，首先要定义前提属性 a_i 和对应的参考值 A_i^k。前提属性的设置对模型的规则推理非常重要。在选择 WSN 故障类型判断的前提属性时，采用实验分析和专家经验结合的方式，对数据进行转换，结合专家对转换数据的分析，选取最具有代表性的前提属性，并给出前提属性的参考值。然后，根据 WSN 故障类型定义模型的输出。最后，通过对不同前提属性的组合构建 BRB 规则，并初始化每一条规则对应的输出结果置信度。通过以上过程可以实现 BRB 模型的构建。

3.7　基于置信规则库的节点故障诊断模型的推理

本节通过基于解析的 ER 算法实现对分层 BRB 模型中的每个 BRB 进行推理，从而得到对故障类型的判定结果，主要包含以下实现过程。

① 计算训练样本的前提属性对于某条规则的匹配度，具体过程可以描述为

$$a_i^k = \begin{cases} \dfrac{A_i^{l+1} - a_i(t)}{A_i^{l+1} - A_i^l}, & k = l\left(A_i^l \leqslant a_i(t) \leqslant A_i^{l+1}\right) \\[2mm] \dfrac{a_i(t) - A_i^l}{A_i^{l+1} - A_i^l}, & k = l+1 \\[2mm] 0, & k = 1,2,\cdots,K(k \neq l, l+1) \end{cases}$$

其中，a_i^k 表示第 k 条规则中第 i 个前提属性的匹配度；$a_i(t)$ 表示样本的第 i 个前提属性的值；A_i^l 和 A_i^{l+1} 表示相邻的第 l 条和第 $l+1$ 条规则中，第 i 个前提属性的参考值；K 表示置信规则的数量。

② 利用第 k 条规则的匹配度 a_i^k 和规则权重 θ_k，计算规则的激活权重，具体过程可以描述为

$$w_k = \frac{\theta_k \prod\limits_{i=1}^{M} \left(a_i^k\right)^{\bar{\delta}_i}}{\sum\limits_{l=1}^{K} \theta_l \prod\limits_{i=1}^{M} \left(a_i^l\right)^{\bar{\delta}_i}}$$

其中，w_k 表示第 k 条规则的激活权重；δ_i 表示第 i 个前提属性权重。

③ 利用 ER 解析合成算法进行规则组合，生成不同输出结果的置信度，具体过程可以描述为

$$\beta_n = \frac{\mu \times \left[\prod_{k=1}^{K} \left(w_k \beta_{n,k} + 1 - w_k \sum_{i=1}^{N} \beta_{i,k} \right) - \prod_{k=1}^{K} \left(1 - w_k \sum_{i=1}^{N} \beta_{i,k} \right) \right]}{1 - \mu \times \left[\prod_{k=1}^{K} (1 - w_k) \right]}$$

$$\mu = \frac{1}{\left[\sum_{n=1}^{N} \prod_{k=1}^{K} \left(w_k \beta_{n,k} + 1 - w_k \sum_{i=1}^{N} \beta_{i,k} \right) - (N-1) \prod_{k=1}^{K} \left(1 - w_k \sum_{i=1}^{N} \beta_{i,k} \right) \right]}$$

其中，β_n 表示第 n 个结果 D_n 的置信度。

④ 根据不同输出结果的置信度生成最终输出结果，具体过程可以描述为

$$\hat{y}(t) = \sum_{n=1}^{N} D_n \beta_n$$

3.8　基于置信规则库的节点故障诊断模型的参数优化

在 BRB 模型初始化时，可以通过专家定义模型的参数值，但在很多情况下，这些参数的值并不是模型最优参数值。BRB 能够通过数据训练的方式实现模型参数的优化。BRB 模型的参数优化的目标函数可以定义为

$$\min \mathrm{MSE}(\beta_{n,k}, \theta_k)$$

$$\mathrm{s.t.} \sum_{n=1}^{N} \beta_{n,k} = 1$$

$$0 \leqslant \beta_{n,k} \leqslant 1, \quad k = 1, 2, \cdots, K, n = 1, 2, \cdots, N$$

$$0 \leqslant \theta_k \leqslant 1$$

其中，$\mathrm{MSE}(\beta_{n,k}, \theta_k)$ 表示实际输出和期望输出的均方误差(mean squared error, MSE)，即

$$\mathrm{MSE}(\beta_{n,k},\theta_k) = \frac{1}{\mathrm{NUM}} \sum_{j=1}^{\mathrm{NUM}} (\widehat{y}_{\mathrm{actual}}(t) - \widehat{y}_{\mathrm{expected}}(t))^2$$

其中，$\widehat{y}_{\mathrm{actual}}(t)$ 表示实际输出；$\widehat{y}_{\mathrm{expected}}(t)$ 表示希望输出；NUM 表示样本数量。

分层 BRB 模型优化问题是一种有约束的优化问题，同时 BRB 模型的优化参数数量较多，因此需要选择合理的优化算法实现模型的参数优化。选择协方差矩阵自适应进化策略(covariance matrix adaptation evolutionary strategy, CMA-ES)算法实现模型参数的优化[82,83]。

CMA-ES 算法是一种基于进化策略(evolution strategy, ES)的全局优化算法，是在 ES 基础上发展出来的一种高效搜索算法，将 ES 的可靠性、全局性和自适应协方差矩阵的高引导性相结合，适合处理非线性、多目标的优化问题[84,85]。CMA-ES 算法的核心思想是动态调整多元正态搜索的协方差矩阵，使之收敛到全局最优解。如图 3-6 所示为 CMA-ES 算法的进化过程，随机选取初始值点，并根据概率密度产生初始种群，根据最优子群信息更新进化策略，产生新一代种群，从而达到逐渐逼近全局最优解。

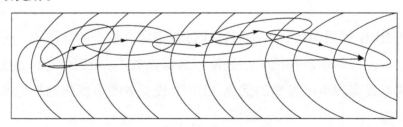

图 3-6　CMA-ES 算法的进化过程

原始的 CMA-ES 算法适用于无约束优化问题，而 BRB 参数优化问题是有约束优化问题[86,87]。为了解决目标函数中的等式约束问题，胡冠宇提出一种基于投影的 CMA-ES 算法，通过投影操作将等式约束映射到可行域[88]。基于投影的 CMA-ES 算法实现 BRB 模型的优化问题，主要包含以下步骤。

① 参数设定。根据 BRB 的规模设定问题的维度 D，最大迭代次数 G，用 λ 表示种群个体数量，$\mu(\mu < \lambda)$ 表示最优子群个体数量，$\omega_i(i = 1,2,\cdots,\mu)$ 表示最优子群中个体的权重。设置种群进化过程的参数，主要包括学习率 c_σ、阻尼系数 d_σ、协方差矩阵的更新学习率 c_c、协方差矩阵秩 1 的更新学习率 c_1、协方差矩阵秩 μ 的更新学习率 c_μ。最优子群的权重可以描述为

$$\sum_{i=1}^{\mu}\omega_i = 1, \quad \omega_1 \geqslant \omega_2 \geqslant \cdots \geqslant \omega_\mu > 0$$

② 模型初始化。设置迭代次数 $g = 0$，初始进化路径 $p_\sigma^{(0)} = 0$，初始协方差矩阵进化路径 $p_c^{(0)} = 0$，初始种群均值 $m^{(0)} \in \mathrm{R}^N$，初始步长大小 $\sigma^{(0)}$，初始协方差矩阵 $C^{(0)} = I$。初始种群均值可以描述为

$$m^{(0)} = \eta^{(0)}$$

其中，$\eta^{(0)}$ 表示 BRB 的初始参数集。

③ 采样。在解空间以某个体为搜索中心，生成一个正态分布的种群。这个过程可以描述为

$$\eta_k^{(g+1)} = m^{(g)} + \sigma^{(g)} N\left(0, C^{(g)}\right)$$

其中，$\eta_k^{(g+1)}$ 表示第 $g+1$ 代种群中的第 $k(k = 1,2,\cdots,\lambda)$ 个解；$N\left(0, C^{(g)}\right)$ 为多元正态分布。

④ 投影操作。在目标函数中，包含 $N+1$ 个等式约束，每个等式包含 N 个变量，所有等式执行投影操作。投影操作可以描述为

$$\begin{aligned}
\eta_i^{(g+1)}(1 + n_e \times (j-1) : n_e \times j) &= \eta_i^{(g+1)}(1 + n_e \times (j-1) : n_e \times j) \\
&\quad - A_e^{\mathrm{T}} \times (A_e \times A_e^t)^{-1} \\
&\quad \times \eta_i^{(g)}(1 + n_e \times (j-1) : n_e \times j) \times A_e
\end{aligned}$$

其中，$A_e = [1\ 1\cdots 1]_{1\times N}$ 表示参数向量；$n_e = (1, 2, \cdots, N)$ 表示等式约束中变量数量；$j = (1, 2, \cdots, N+1)$ 表示等式约束的条件数量。

⑤ 选择和重组。根据适应度函数 $\mathrm{MSE}(x)$，计算种群中每个个体的适应度，并根据适应度进行排序，可以描述为

$$\text{MSE}\left(\eta_{1:\lambda}^{(g+1)}\right) \leqslant \text{MSE}\left(\eta_{2:\lambda}^{(g+1)}\right) \leqslant \cdots \leqslant \text{MSE}\left(\eta_{i:\lambda}^{(g+1)}\right) \leqslant \cdots \leqslant \text{MSE}\left(\eta_{\lambda:\lambda}^{(g+1)}\right)$$

从种群中选取 μ 个适应度最好的个体作为最优子群，计算最优子群的均值，可以描述为

$$m^{(g+1)} = \sum_{i=1}^{\mu} \omega_i \eta_{i:\lambda}^{(g+1)}$$

⑥ 调整协方差矩阵。用最优子群策略更新搜索协方差矩阵和协方差矩阵的进化路径，即

$$p_c^{(g+1)} = \left(1-c_c\right) p_c^{(g)} + \sqrt{c_c\left(2-c_c\right)\left(\sum_{i=1}^{u}\omega_i^2\right)^{-1}} \frac{m^{(g+1)} - m^{(g)}}{\sigma^{(g)}}$$

$$C^{(g+1)} = \left(1-c_1-c_\mu\right) C^{(g)} + c_1 p_c^{(g+1)} p_c^{(g+1)T} + c_\mu \sum_{i=1}^{\mu} \omega_i \left(\frac{x_{1:\lambda}^{(g+1)} - m^{(g)}}{\sigma^{(g)}}\right)\left(\frac{x_{1:\lambda}^{(g+1)} - m^{(g)}}{\sigma^{(g)}}\right)^T$$

⑦ 调整步长。利用最优子群策略更新搜索步长和进化路径，即

$$p_\sigma^{(g+1)} = \left(1-c_\sigma\right) p_\sigma^{(g)} + \sqrt{c_\sigma\left(2-c_\sigma\right)\left(\sum_{i=1}^{u}\omega_i^2\right)^{-1}} C^{(g)-\frac{1}{2}} \frac{m^{(g+1)} - m^{(g)}}{\sigma^{(g)}}$$

$$\sigma^{(g+1)} = \sigma^{(g)}\exp\left(\frac{c_\sigma}{d_\sigma}\left(\frac{\left\|p_\sigma^{(g+1)}\right\|}{E\left\|N(0,I)\right\|} - 1\right)\right)$$

其中，$\|\cdot\|$ 表示向量范数；$E\|N(0,I)\|$ 表示正态分布随机向量范数的期望值。

⑧ 结束判定。当未达到最大迭代次数时，$g=g+1$，执行步骤③操作，达到最大迭代次数时，优化停止。

3.9　基于置信规则库的节点故障诊断实现过程

根据 WSN 中传感器节点数据的相关性特征，构建基于分层 BRB 的 WSN 故障诊断模型。基于分层 BRB 的 WSN 故障诊断的实现过程如图 3-7 所示。

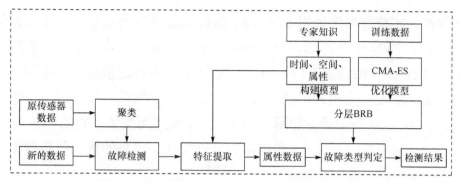

图 3-7　基于分层 BRB 的 WSN 故障诊断的实现过程

① 传感器节点聚类。利用原传感器节点数据对 WSN 中的所有传感器节点进行聚类，实现对数据相似的传感器节点进行分簇。

② WSN 故障检测。由于簇内传感器节点之间的数据具有高度的相似性，当获取新的数据后，通过簇内不同传感器节点的数据比较，检测新的数据中是否存在故障数据。

③ 数据特征提取。通过时间相关性、空间相关性、属性相关性对传感器节点异常数据进行特征提取。

④ 构建故障类型判断模型。通过对传感器节点数据的时间相关性、空间相关性、属性相关性进行分析，提取传感器节点数据中的不同前提属性，并基于专家知识构建分层 BRB 模型。

⑤ 实现故障类型判断模型的推理。利用 ER 解析算法实现对构建的 BRB 模型进行推理。

⑥ 实现故障类型判断模型的优化。使用训练数据，采用基于投影的 CMA-ES 算法对构建的 BRB 模型参数进行优化。

⑦ 实现对相应传感器节点故障类型的判断。利用训练好的模型，对步骤③提取的特征数据的故障类型进行判断，从而获取当前 WSN 不同传感器节点存在的故障状态信息。

3.10　仿　真　实　验

下面通过实验证明，基于分层 BRB 的 WSN 节点故障诊断方法的有效性。实验数据集采用 Intel Lab Data 无线传感器数据集。该数据集记录了从 2004 年 2 月 28 日～2004 年 4 月 5 日，英特尔伯克利实验室(Intel Berkeley Research Lab)54 个传感器采集的数据信息。这些信息包含温度、湿度、光照，传感器每 31 秒采集一次数据。该数据集共包含大约 2 300 000 条记录。如图 3-8 所示为实验室无线传感器的分布图。

通过对 Intel Lab Data 数据集的分析发现，采集的传感器数据主要包含以下特性。

① 在 WSN 运行过程中，部分传感器存在严重故障，无法获取正确的采集信息。

② 随着 WSN 连续运行时间的增加，传感器收集到数据的准确性会出现不断降低的问题。

③ 在最终的汇聚数据中，每个传感器节点都存在数据丢失问题。这将导致数据集中不同传感器采集的数据存在很大的差异。

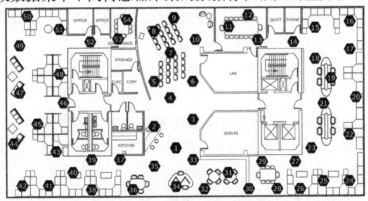

图 3-8　实验室无线传感器的分布图

④ 通过对数据分析，传感器节点数据间存在时间相关性、空间相关性、属性相关性特征。

⑤ 在数据集中，存在少量且随机的瞬时异常数据。

3.10.1　实验设计

下面对 WSN 的节点故障诊断问题进行分析，定义主要的研究内容，即在故障检测中求解$(f(\cdot), R)$，在故障类型判断中求解$(g(\cdot), \mu)$，$(h(\cdot), \eta)$。通过对 Intel Lab Data 数据集分析，进行 WSN 故障诊断研究时，需要对数据进行以下的处理。

① 通过对 54 个传感器数据进行分析，编号为 5 和 15 的传感器数据存在明显故障，具体表现在无法采集温度、湿度、光照信息，因此在研究时，将这两个传感器数据移除。

② 为了减少由外部干扰引发的瞬时异常数据对数据特征分析产生的影响，对数据进行均值化处理，设置固定时间段代替时间点，每个实验样本都会包含某一时间段的所有采集数据。

③ 在实验时，选取一段时间内的所有传感器数据作为实验的基础数据。

根据实验要求产生对应的实验样本，实验样本描述以下。

① 数据集 1 用于对传感器进行聚类分析和故障检测。选取 3 月 1 日～3 月 7 日所有传感器采集的温度、湿度、光照数据，以此作为基本的实验数据，样本采样时间段设置为 10 分钟，并对采集数据进行均值化处理，通过以上处理产生数据集 1，共包含 1008 个样本。如图 3-9 所示为数据集 1 中所有传感器采集的温度数据分布情况。数据为 7 天时间内，全时段 52 个传感器采集的温度数据，随着时间的变化每个传感器采集的温度值会不断发生变化。

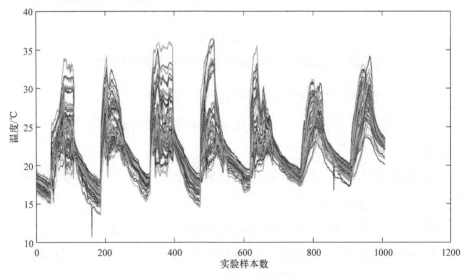

图 3-9　温度数据分布情况

② 数据集 2 用于故障类型判断实验。选取编号为 1 的传感器，从 3 月 1 日开始采集的温度数据，采集时间间隔设置为 10 分钟，连续采集 500 组实验数据。对采集到的数据进行处理并添加对应故障标签。具体设置方式为 1～100 组实验样本设定为正常数据，101～200 组样本设定为漂移偏差故障，201～300 组样本设定为精度下降故障，301～400 组样本设定为固定偏差故障，401～500 组样本设定为完全失效故障，通过以上处理产生数据集 2。如图 3-10 所示为编号为 1 的传感器原始样本数据和处理后的实验样本数据对比。

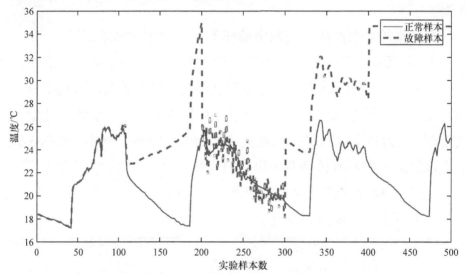

图 3-10　传感器原始样本数据和处理后的实验样本数据对比

WSN 节点故障检测的实验主要包含以下步骤。

① 数据集 1 作为 $X_n^m(t)$，通过 K-means 算法对传感器节点进行聚类，求解 $(f(\cdot), R)$。

② 进行簇内传感器节点数据的比较，实现 WSN 的节点故障检测，并产生故障检测结果 $y(t)$。

WSN 节点故障类型判断的实验主要包含以下步骤。

① 对传感器节点数据相关性进行分析，选取适当的前提属性，求解 $h(\cdot)$，利用数据集 2 产生前提属性数据集 $A_i^m(t)$。

② 基于步骤①产生的前提属性数据集构建分层 BRB 模型。通过对每个 BRB 的输入数据进行分析，由专家给定对应前提属性的参考点和参考值，并设定 BRB 模型的初始置信规则，实现求解 $g(\bullet)$ 和初始设定参数 η。

③ 通过实验训练样本，对模型进行训练，实现对模型参数 η 的优化。通过实验测试样本，求解模型故障类型输出 $\hat{y}(t)$。通过实验结果验证方法的有效性。

3.10.2　基于 K-means 的传感器聚类实现

K-means 算法是一种快速且适用于大规模数据处理的聚类算法，在实际工程中应用广泛[89]。利用 K-means 算法对数据集 1 进行聚类分析，实现对传感器节点的分簇，共进行 20 轮聚类实验。通过对聚类结果的比较，结合传感器节点的空间分布情况，将 52 个传感器节点分为 10 簇。如表 3-1 所示为传感器节点的聚类结果。将这一聚类结果用于 WSN 的节点故障检测，通过簇内节点间的数据比较，发现 WSN 中可能存在的异常数据。

表 3-1　聚类结果

簇	传感器节点编号
1	1 2 3 4
2	6 7 8 9 10
3	11 12 13 14 16
4	17 18 19 20
5	21 22 23 24 25
6	26 27 28 29 30 31 32
7	33 40 41 42 43
8	34 35 36 37 38 39
9	44 45 46 47 48 49 50 51 52
10	53 54

通过对实验结果分析,簇内传感器节点间具有高度的空间相关性特征,因此将聚类结果作为获取传感器空间相关性前提属性的研究基础,用于 WSN 节点故障类型判断的实验。

3.10.3　基于分层置信规则库的节点故障类型判断模型实现

在根据传感器的数据相关性构建分层 BRB 时,首先需要合理选择 BRB 的前提属性。对传感器数据进行特征转换,通过对转换后的特征数据进行分析,并结合专家意见,实现前提属性的选择。如图 3-11 所示为基于时间相关性的不同特征数据,通过判定特征数据在故障类型判断中的有效性,选择标准差作为前提属性。同理,在空间相关性中选择残差作为前提属性,在属性相关性中选择比例作为前提属性。

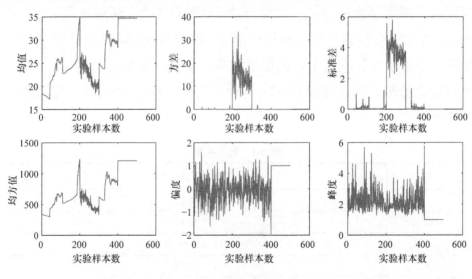

图 3-11　时间相关性分析

基于选择的数据相关性作为前提属性,构建一个分层 BRB 模型,其中每一个 BRB 的输出都是 WSN 故障类型的判断结果。如图 3-12 所示为基于分层 BRB 的 WSN 故障类型判断模型。

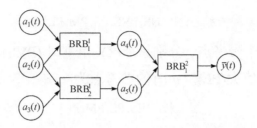

图 3-12　基于分层 BRB 的 WSN 故障类型判断模型

图中 $a_1(t)$ 表示空间残差，$a_2(t)$ 表示时间标准差，$a_3(t)$ 表示属性比例，$a_4(t)$ 表示 BRB_1^1 的输出结果，$a_5(t)$ 表示 BRB_2^1 的输出结果，$\hat{y}(t)$ 为最终的故障类型判断结果。

前提属性选择后，需要为每一个前提属性设置参考点和参考值。如图 3-13 所示为对实验数据集 2 进行特征转换后的三种前提属性的分布情况。

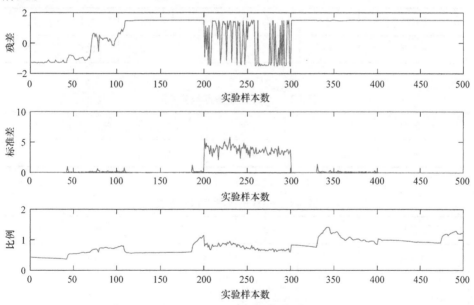

图 3-13　前提属性的分布

通过对图 3-13 进行的特征分析，完成 $a_1(t) \sim a_3(t)$ 的参考点设置。$a_1(t)$ 设置 6 个参考点，分别是负值大(NL)、负值较小(NS)、正值小(PVS)、正值较小(PS)、正值中(PM)、正值大(PL)。$a_1(t)$ 的参考点为

$$A_1^k \in \{\text{NL}, \text{NS}, \text{PVS}, \text{PS}, \text{PM}, \text{PL}\}$$

$a_2(t)$ 设置 5 个参考点，分别是零(Z)、正值小(PVS)、正值较小(PS)、正值中(PM)、正值大(PL)。$a_2(t)$ 的参考点为

$$A_2^k \in \{\text{Z}, \text{PVS}, \text{PS}, \text{PM}, \text{PL}\}$$

$a_3(t)$ 设置 6 个参考点，分别是正值极小(PT)、正值小(PVS)、正值较小(PS)、正值中(PM)、正值大(PL)、正直极大(PVL)。$a_3(t)$ 的参考点为

$$A_3^k \in \{\text{PT}, \text{PVS}, \text{PS}, \text{PM}, \text{PL}, \text{PVL}\}$$

对以上参考点进行语义的量化，如表 3-2～表 3-4 所示为以上参考点和参考值。

表 3-2　$a_1(t)$ 的参考点和参考值

参考点	NL	NS	PVS	PS	PM	PL
参考值	−1.5	−1.25	0.3	0.8	1.25	1.5

表 3-3　$a_2(t)$ 的参考点和参考值

参考点	Z	PVS	PS	PM	PL
参考值	0	0.015	0.1	4	6

表 3-4　$a_3(t)$ 的参考点和参考值

参考点	PT	PVS	PS	PM	PL	PVL
参考值	0.35	0.56	0.8	1	1.25	1.5

通过对 BRB_1 和 BRB_2 输出分布的分析，给定 $a_4(t)$ 和 $a_5(t)$ 的参考值点和参考属性，$a_4(t)$ 和 $a_5(t)$ 分别有 6 个参考值点，即零(Z)、正值小(PVS)、正值较小(PS)、正值中(PM)、正值大(PL)、正直极大(PVL)。它们可以描述为

$$A_4^k \in \{Z, PVS, PS, PM, PL, PVL\}$$

$$A_5^k \in \{Z, PVS, PS, PM, PL, PVL\}$$

如表 3-5 和表 3-6 所示为 $a_4(t)$ 和 $a_5(t)$ 的参考点和参考值。

表 3-5　$a_4(t)$ 的参考点和参考值

参考点	Z	PVS	PS	PM	PL	PVL
参考值	0	1.9	4.1	5.3	6.1	8

表 3-6　$a_5(t)$ 的参考点和参考值

参考点	Z	PVS	PS	PM	PL	PVL
参考值	0	3	3.9	4.5	5.1	8

在 WSN 节点故障类型判断的分层 BRB 中，每个 BRB 的输出都是故障类型，因此对于输出 D 有 5 个参考点。它们分别是正常(N)、漂移偏差故障(DF)、精度下降故障(PDF)、固定偏差故障(FBF)、完全失效故障(CF)，可以描述为

$$D = (D_1, D_2, D_3, D_4, D_5) = (N, DF, PDF, FBF, CF)$$

如表 3-7 所示为 BRB 输出 D 的参考点和参考值。

表 3-7　D 的参考点和参考值

参考点	N	DF	PDF	FBF	CF
参考值	0	2	4	6	8

基于以上参考点和参考值的设定，可以构建一个 WSN 节点故障类型判断的分层 BRB 系统，其中每个 BRB 的具体规则定义为

$$R_k \text{ of } BRB_1^1 : \text{If } a_1(t) \text{ is } A_1^k \wedge a_2(t) \text{ is } A_2^k,$$

$$\text{Then } a_4(t) \text{ is } \left\{ (D_1, \beta_{1,k}), \cdots, (D_5, \beta_{5,k}) \right\}$$

$$\text{With a rule weight } \theta_k$$

$$\text{and attribute weights } \overline{\delta}_1, \overline{\delta}_2$$

其中，BRB_1^1 包含 30 条置信规则，参数集为 $\eta_1^1 = \left\{ \theta_1 \cdots \theta_{30}, \overline{\delta}_1, \overline{\delta}_2, \beta_{1,1} \cdots \beta_{5,30} \right\}$。

$$R_k \text{ of } \mathrm{BRB}_2^1 : \text{If } a_2(t) \text{ is } A_2^k \wedge a_3(t) \text{ is } A_3^k,$$

$$\text{Then } a_5(t) \text{ is } \left\{ \left(D_1, \beta_{1,k} \right), \cdots, \left(D_5, \beta_{5,k} \right) \right\}$$

$$\text{With a rule weight } \theta_k$$

$$\text{and attribute weights } \overline{\delta}_2, \overline{\delta}_3$$

其中，BRB_2^1 包含 30 条置信规则，参数集为 $\eta_2^1 = \left\{ \theta_1 \cdots \theta_{30}, \overline{\delta}_2, \overline{\delta}_3, \beta_{1,1} \cdots \beta_{5,30} \right\}$。

$$R_k \text{ of } \mathrm{BRB}_1^2 : \text{If } a_4(t) \text{ is } A_4^k \wedge a_5(t) \text{ is } A_5^k,$$

$$\text{Then } \hat{y}(t) \text{ is } \left\{ \left(D_1, \beta_{1,k} \right), \cdots, \left(D_5, \beta_{5,k} \right) \right\}$$

$$\text{With a rule weight } \theta_k$$

$$\text{and attribute weights } \overline{\delta}_4, \overline{\delta}_5$$

其中，BRB_1^2 包含 36 条置信规则，参数集为 $\eta_1^2 = \left\{ \theta_1 \cdots \theta_{36}, \overline{\delta}_4, \overline{\delta}_5, \beta_{1,1} \cdots \beta_{5,36} \right\}$。

如表 3-8～表 3-10 所示为不同 BRB 初始置信度表。

表 3-8　　BRB_1^1 初始置信度

编号	规则权重	前提属性		置信度
		$a_1(t)$	$a_2(t)$	$\{D_1, D_2, D_3, D_4, D_5\}$
1	1	NL	Z	{0,0,1,0,0}
2	1	NL	PVS	{0,0,1,0,0}
3	1	NL	PS	{0,0,1,0,0}
4	1	NL	PM	{0,0,1,0,0}
5	1	NL	PL	{0,0,1,0,0}
6	1	NS	Z	{0,0,0,0,1}
7	1	NS	PVS	{1,0,0,0,0}
8	1	NS	PS	{1,0,0,0,0}
9	1	NS	PM	{0,0,1,0,0}
10	1	NS	PL	{0,0,1,0,0}
11	1	PVS	Z	{0,0,0,0,1}
12	1	PVS	PVS	{1,0,0,0,0}
13	1	PVS	PS	{1,0,0,0,0}

续表

编号	规则权重	前提属性		置信度
		$a_1(t)$	$a_2(t)$	$\{D_1, D_2, D_3, D_4, D_5\}$
14	1	PVS	PM	{0,0,1,0,0}
15	1	PVS	PL	{0,0,1,0,0}
16	1	PS	Z	{0,0,0,0,1}
17	1	PS	PVS	{0,1,0,0,0}
18	1	PS	PS	{0,1,0,0,0}
19	1	PS	PM	{0,0,1,0,0}
20	1	PS	PL	{0,0,1,0,0}
21	1	PM	Z	{0,0,0,0,1}
22	1	PM	PVS	{0,1,0,0,0}
23	1	PM	PS	{0,1,0,0,0}
24	1	PM	PM	{0,0,1,0,0}
25	1	PM	PL	{0,0,1,0,0}
26	1	PL	Z	{0,0,0,0,1}
27	1	PL	PVS	{0,0.5,0,0.5,0}
28	1	PL	PS	{0,0.1,0,0.9,0}
29	1	PL	PM	{0,0,1,0,0}
30	1	PL	PL	{0,0,1,0,0}

表 3-9　BRB_2^1 初始置信度

编号	规则权重	前提属性		置信度
		$a_2(t)$	$a_3(t)$	$\{D_1, D_2, D_3, D_4, D_5\}$
1	1	Z	PT	{0,0,0,0,1}
2	1	Z	PVS	{0,0,0,0,1}
3	1	Z	PS	{0,0,0,0,1}
4	1	Z	PM	{0,0,0,0,1}
5	1	Z	PL	{0,0,0,0,1}
6	1	Z	PVL	{0,0,0,0,1}
7	1	PVS	PT	{1,0,0,0,0}
8	1	PVS	PVS	{0.1,0.9,0,0,0}
9	1	PVS	PS	{0,0.5,0,0.5,0}
10	1	PVS	PM	{0,0,0,1,0}
11	1	PVS	PL	{0,0,0,1,0}

编号	规则权重	前提属性		置信度
		$a_2(t)$	$a_3(t)$	$\{D_1,D_2,D_3,D_4,D_5\}$
12	1	PVS	PVL	{0,0,0,1,0}
13	1	PS	PT	{1,0,0,0,0}
14	1	PS	PVS	{0.5,0.5,0,0,0}
15	1	PS	PS	{0,0.1,0,0.9,0}
16	1	PS	PM	{0,0,0,1,0}
17	1	PS	PL	{0,0,0,1,0}
18	1	PS	PVL	{0,0,0,1,0}
19	1	PM	PT	{0,0,1,0,0}
20	1	PM	PVS	{0,0,1,0,0}
21	1	PM	PS	{0,0,1,0,0}
22	1	PM	PM	{0,0,1,0,0}
23	1	PM	PL	{0,0,1,0,0}
24	1	PM	PVL	{0,0,1,0,0}
25	1	PL	PT	{0,0,1,0,0}
26	1	PL	PVS	{0,0,1,0,0}
27	1	PL	PS	{0,0,1,0,0}
28	1	PL	PM	{0,0,1,0,0}
29	1	PL	PL	{0,0,1,0,0}
30	1	PL	PVL	{0,0,1,0,0}

表 3-10　　BRB_1^2 初始置信度

编号	规则权重	前提属性		置信度
		$a_4(t)$	$a_5(t)$	$\{D_1,D_2,D_3,D_4,D_5\}$
1	1	Z	Z	{0.95,0.05,0,0,0}
2	1	Z	PVS	{0,1,0,0,0}
3	1	Z	PS	{0,1,0,0,0}
4	1	Z	PM	{0,1,0,0,0}
5	1	Z	PL	{0,1,0,0,0}
6	1	Z	PVL	{0,0,0,0,1}
7	1	PVS	Z	{0,1,0,0,0}
8	1	PVS	PVS	{0,1,0,0,0}
9	1	PVS	PS	{0,1,0,0,0}
10	1	PVS	PM	{0,1,0,0,0}

续表

编号	规则权重	前提属性		置信度
		$a_4(t)$	$a_5(t)$	$\{D_1, D_2, D_3, D_4, D_5\}$
11	1	PVS	PL	{0,1,0,0,0}
12	1	PVS	PVL	{0,0,0,0,1}
13	1	PS	Z	{0,1,0,0,0}
14	1	PS	PVS	{0,0.7,0,0.3,0}
15	1	PS	PS	{0,0,0.95,0.05,0}
16	1	PS	PM	{0,0.05,0.8,0.15,0}
17	1	PS	PL	{0,0.1,0,0.9,0}
18	1	PS	PVL	{0,0,0,0,1}
19	1	PM	Z	{0,1,0,0,0}
20	1	PM	PVS	{0,0.5,0,0.5,0}
21	1	PM	PS	{0,0.5,0,0.5,0}
22	1	PM	PM	{0,0.1,0,0.9,0}
23	1	PM	PL	{0,0.1,0,0.9,0}
24	1	PM	PVL	{0,0,0,0,1}
25	1	PL	Z	{0,0,0,1,0}
26	1	PL	PVS	{0,0,0,1,0}
27	1	PL	PS	{0,0,0,1,0}
28	1	PL	PM	{0,0,0,1,0}
29	1	PL	PL	{0,0,0,1,0}
30	1	PL	PVL	{0,0,0,0,1}
31	1	PVL	Z	{0,0,0,0,1}
32	1	PVL	PVS	{0,0,0,0,1}
33	1	PVL	PS	{0,0,0,0,1}
34	1	PVL	PM	{0,0,0,0,1}
35	1	PVL	PL	{0,0,0,0,1}
36	1	PVL	PVL	{0,0,0,0,1}

通过以上构建的不同 BRB 置信度表，定义不同前提属性 $a(t)$ 与故障类型 D 的关系。下面对系统中的每一条置信规则进行形式化描述。

如在 BRB_1^1 模型中，第 1 条规则可以描述为

R_1 : If $a_1(t)$ is NL $\wedge$ $a_2(t)$ is Z, Then $a_4(t)$ is $\{(N,0),(DF,0),(PDF,1),(FBF,0),(CF,0)\}$

With a rule weight θ_k and attribute weights $\overline{\delta}_1, \overline{\delta}_2$

同样，在 BRB_2^1 模型中，第 1 条规则可以描述为

R_1 : If $a_2(t)$ is $Z \wedge a_3(t)$ is PT, Then $a_5(t)$ is $\{(N,0),(DF,0),(PDF,0),(FBF,0),(CF,1)\}$
With a rule weight θ_k and attribute weights $\overline{\delta}_2, \overline{\delta}_3$

在 BRB_1^2 模型中，第 1 条规则可以描述为

R_1 : If $a_4(t)$ is $Z \wedge a_5(t)$ is Z, Then $\hat{y}(t)$ is $\{(N,0.95),(DF,0.05),(PDF,0),(FBF,0),(CF,0)\}$
With a rule weight θ_k and attribute weights $\overline{\delta}_4, \overline{\delta}_5$

3.10.4　实验结果分析

通过实验数据集 2，验证分层 BRB 模型在故障类型判断中的有效性和准确性，其中选取数据集 2 中的 250 组样本用于分层 BRB 模型训练，全部 500 组样本用于模型有效性测试。分层 BRB 的样本检测准确率可以描述为

$$\text{Accuracy} = \frac{\text{TS}}{\text{ALL}}$$

其中，TS 表示被正确检测的样本数量；ALL 表示用于检测的所有样本数量。

1. 实验结果

为保障实验结果的科学性和有效性，采用多轮重复实验的方式，共完成 50 轮故障类型判断实验，每一轮实验的最大迭代次数设置为 500 次。如图 3-14 所示为各 BRB 的输出结果和样本真实结果的对比。由此可见，分层 BRB 的检测结果与样本真实结果具有高度的拟合性，证明分层 BRB 模型用于 WSN 节点故障判断的有效性。

如表 3-11 所示为通过实验获取的各种 WSN 故障类型的平均检测率。由此可见，分层 BRB 模型能够有效地检测各种 WSN 的节点故障类型，且具有较高的检测准确率。

表 3-11　WSN 故障类型的平均检测率

故障类型	正常	漂移偏差故障	精度下降故障	固定偏差故障	完全失效故障
准确率/%	96.72	87.88	99.1	92.94	99

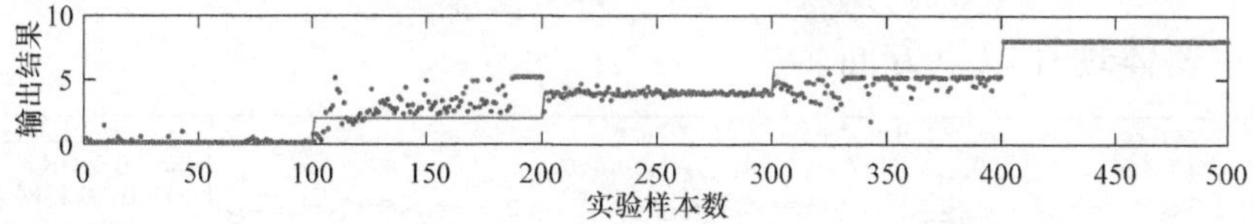

(a) BRB_1^1

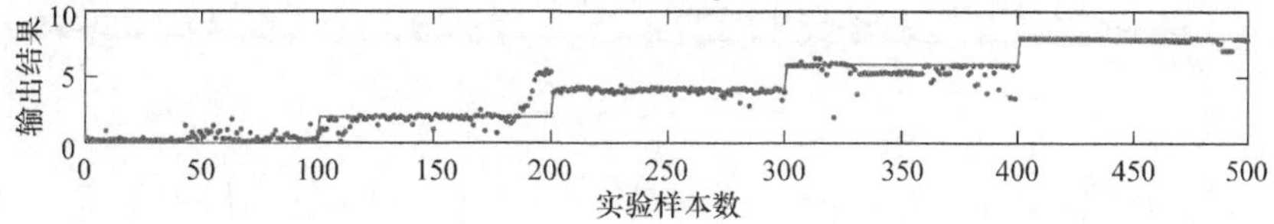

(b) BRB_2^1

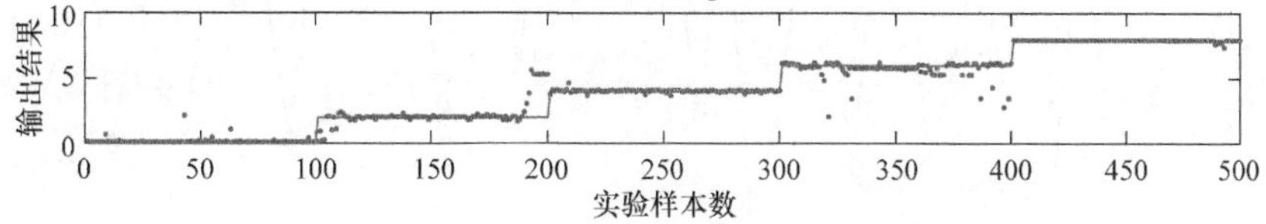

(c) BRB_1^2

图 3-14　BRB_1^1 到 BRB_1^2 的输出结果和样本真实结果对比

2. 对比分析

下面将分层 BRB 模型分别与反向传播 (back propagation, BP)神经网络、极限学习机(extreme learning machine，ELM)和模糊专家系统的故障诊断准确率进行对比。BP 神经网络和 ELM 是基于数据驱动的方法，模糊专家系统是基于定性知识的方法，采用与 BRB 相同的规则。利用以上四种方法分别完成 50 轮实验，如表 3-12 所示为这些方法在 WSN 故障诊断中的检测结果。由此可见，分层 BRB 方法的平均准确率为 95.13%，BP 神经网络的平均准确率为 90.45%，模糊专家系统的平均准确率为 79.02%，ELM 的平均准确率为 91.47%。

表 3-11　故障诊断结果

故障诊断方法	分层 BRB	BP 神经网络	模糊专家系统	ELM
平均准确率/%	95.13	90.45	79.02	91.47

如图 3-15 所示为这 4 种故障诊断方法的检测准确率对比图。由此

可见，分层 BRB 方法的检测效果更为理想，基于分层 BRB 的 WSN 的节点故障诊断方法是有效的且具有良好的检测效果。

通过以上实验验证，基于分层 BRB 的 WSN 节点故障诊断方法的优势主要体现在以下方面。

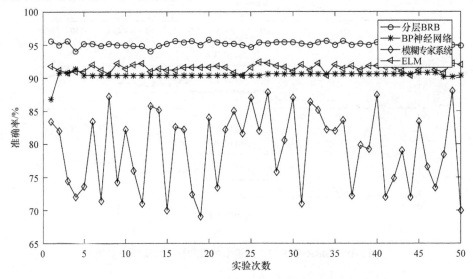

图 3-15　不同故障诊断方法的检测准确率对比图

①　由于 WSN 受到运行不确定性和环境不确定性的影响，专家无法定义准确故障诊断规则，进而无法获得准确的故障诊断结果。基于分层 BRB 的故障诊断方法可以利用数据样本进行训练，对定义的规则进行优化，从而提高故障诊断的准确率。

②　在实际工程中，往往无法获得系统在所有运行情况下的数据样本。数据样本的不健全会导致基于数据驱动的故障诊断方法无法进行充分训练，影响故障诊断结果的准确性。基于分层 BRB 的故障诊断方法基于专家知识构建模型，在样本不健全时，仍然能取得良好的故障诊断准确率。

③　在传统 BRB 模型中，前提属性的参考值往往会影响模型的应用效果。当参考值选取较少时，模型的应用效果往往较差；当参考值选取较多时，模型构建难度增大，甚至会导致规则爆炸问题。在对故障诊断

问题研究时，我们设计了一种分层 BRB 模型，可以有效克服传统 BRB 模型存在的上述问题，取得较好的故障诊断准确率。

3.11　本 章 小 结

为了充分利用 WSN 中传感器节点的各种不确定信息，实现 WSN 的节点故障诊断，本章通过对 WSN 的数据相关性进行分析，提出一种新的基于分层 BRB 的 WSN 节点故障诊断方法，并通过实验验证这种方法的有效性。这种方法能够充分利用 WSN 中的各种不确定信息，具有广泛的应用价值。

第4章 无线传感器网络的网络入侵检测

4.1 引　言

在对 WSN 运行可靠性进行评估时，外部因素主要针对 WSN 的安全问题进行研究，因此可以将 WSN 的外部因素检测问题转换为 WSN 的网络入侵检测问题。

4.2　无线传感器网络的网络安全

4.2.1　无线传感器网络安全问题分析

WSN 的网络安全问题是 WSN 可靠性研究的一个重要组成部分。由于 WSN 通常部署于无人值守或环境复杂的区域，同时受限于 WSN 自身的特点，因此 WSN 的网络安全问题尤为突出。WSN 在设计之初并没有考虑安全问题，导致没有形成完整的安全体系，因此存在巨大的安全隐患[90]。WSN 的网络安全问题不仅包含传统网络的安全问题，同时存在其自身特性导致的安全问题，因此 WSN 的网络安全问题，主要包括以下问题[91,92]。

① WSN 通常需要通过公共网络将数据传输到数据处理中心，因此与传统网络相同，WSN 会遭到大量来自外部的网络攻击。

② WSN 内部采用无线通信方式，攻击者可以在 WSN 工作区域内实施监听信道、重发数据包、消耗网络资源等不同的网络攻击。

③ 由于 WSN 通常工作在无人值守区域，攻击者可以捕获传感器节点，通过重写代码或者直接替代方式，在 WSN 设置间谍节点，轻易获取 WSN 中的数据信息。

④ WSN 的传感器节点资源有限，CPU 的运算能力和处理能力较弱。当攻击者的资源占绝对优势时，传感器节点将被破坏。

⑤ WSN 采用自组织组网方式，当网络节点能源耗尽时，节点自动退出 WSN，导致网络拓扑结构和路由动态可变、网络维护困难，不易发现网络攻击。

⑥ WSN 的能源供应模块通常是不可再生资源，同时传感器节点体积较小，携带的能源有限，因此 WSN 比传统网络更容易被资源消耗类攻击破坏。

设计 WSN 的网络入侵检测系统时需要考虑以下因素 [93]。

① WSN 是以数据为中心的网络，因此保障 WSN 信息的机密性、完整性、可用性、新鲜性是设计的基础。

② 由于 WSN 自身资源有限，因此设计网络入侵检测系统时，不应对 WSN 自身资源造成过多消耗。

③ 在研究 WSN 安全问题时，需要考虑节点能量消耗问题，不宜设计复杂的安全机制，导致传感器节点能量消耗过大，影响 WSN 的使用寿命。

④ 由于针对 WSN 的攻击手段不断变化，而 WSN 工作特征导致网络可维护能力有限，因此在设计网络入侵检测系统时，要考虑系统的适应性和自学习能力。

4.2.2　无线传感器网络入侵检测问题研究

针对 WSN 的网络入侵检测问题，很多学者进行了深入的研究，并给出不同的解决方案。例如，傅蓉蓉等提出一种基于人工免疫技术原理的危险理论 WSN 入侵检测模型[94]。Saeed 等利用随机神经网络提出一种 WSN 入侵检测机制[95]。针对传统入侵检测系统在 WSN 中检测恶意行为困难的问题，Shamshirband 等提出一种基于密度算法和模糊逻辑的帝国竞争算法，用于 WSN 异常检测[96]。通过分析虫洞攻击对传感器节点定位过程的影响,陈鸿龙等提出一种能够抵御虫洞攻击的节点定义方法[97]。Anand 等提出一种基于规则的属性选择算法,用于去除 WSN 入侵检测中的冗余属性[98]。通过对 WSN 的攻防过程进行分析,熊自立等提出一种基于博弈的 WSN 入侵检测模型[99]。Shen 等提出一种基于信号博弈的 WSN 入侵检测策略[100]。胡志鹏等提出一种基于投影寻踪算法,解决 WSN 入侵检测问题的方法[101]。

4.2.3 无线传感器网络入侵检测问题研究的不足

在 WSN 入侵检测中,通常可以通过对网络连接数据进行分析,从而发现存在的网络安全威胁。然而,网络连接数据包含众多属性,如何合理有效地在这种高维数据中进行数据分析一直是一个难点问题。在传统的网络入侵检测研究中,通常对数据进行预处理,如采用主成分分析、证据融合等手段对高维数据进行降维处理,然后对处理后的数据利用不同的方法实现对数据的入侵检测。这种方法虽然在一定程度上解决了网络连接数据多属性难以直接进行分析的问题,但往往会破坏数据中存在的某些关联性,同时过度降维也会导致数据的完整性被破坏。基于以上原因,传统的网络入侵检测方法都存在一定的局限性,如何有效的对高维数据进行学习,构建 WSN 的网络入侵检测模型是当前的研究难点。

DL 技术的出现为网络入侵检测问题研究提供了新的解决思路。DL 技术是一种基于神经网络的机器学习技术,通过增加神经网络隐层的数量,实现对数据特征的分布式表示。DL 技术已经广泛应用于多个领域研究,并取得巨大的成功。常用 DL 模型有 CNN、深层信念网络(deep belief network,DBN)、层叠自编码器(stacked auto-encoder,SAE)、循环神经网络(recurrent neural network,RNN)。其中,CNN 是最为成功的一种 DL 模型,具有局部感受野、权值共享、降采样等特点,成为语言、图形、图像等高维数据领域的研究热点,甚至在某些领域 CNN 已经超过人类的识别能力。CNN 具有强大的建模和特征学习能力，非常适用于处理高维特征数据。基于以上原因，我们提出一种基于 CNN 解决 WSN 入侵检测问题的方法，通过对网络连接数据的分析，实现对数据的图形化处理，利用 CNN 的高维特征学习能力，实现 WSN 的网络入侵检测[102]。

4.3　深度学习

DL 具有强大的复杂系统建模能力和高维数据特征学习能力，能够很好地解决数据学习时的维度灾难问题，是近年来机器学习领域研究的热点。DL 是机器学习的一种范式，其思想是模拟人类大脑机制对问题进行分析学习。通过多层结构的神经网络对数据进行多层级建模，获得数据的层次结构与数据分布式表示，进而得到数据的本质特征。

4.3.1　深度学习概述

DL 是机器学习研究的一个重要分支。2006 年，Hinton 等提出 DBN 模型，引发对 DL 研究的热潮。DL 通过构建深层神经网络模拟人的大脑神经网络结构，实现对原始数据特征的学习，这种方式被证明在模式识别、分类、回归等多个方面具有很强的能力，并且在很多应用环境下，其准确度大大超过传统机器学习方法。目前，DL 已经在图像处理、语音识别、文本处理、自然语言处理等多个领域取得突破性进展，很多学者不断尝试将 DL 技术引入其他应用领域。微软研究员利用 DBN 构建上下文相关深层神经网络隐马尔可夫混合模型(context-dependent deep neural network hidden markov model, CD-DNN-HMM)[103]，并成功将其应用于语音识别领域，相对于传统识别方法，误差率降低了 16%以上。在 2012 年的 ImageNet 大规模视觉辨别挑战赛中，Krizhevsky 等首次将 CNN 应用于 ImageNet 数据集训练，并获得冠军，取得 15.3%的 Top-5

错误率[104]，而传统视觉方法的最好结果是 26.2%。在 2014 年的比赛中，几乎所有的参赛队伍都采用 DL 方法，在 2016 年的比赛中，Top-5 错误率已经下降到 3.08%，远超人类 5.1%的识别水平。2015 年，百度杀毒与百度深度学习研究院合作，推出搭载 DL 技术的"慧眼"杀毒引擎，对于病毒样本的查杀率达到 99.99%。2016 年，由 Google 设计开发的 AlphaGo 围棋人工智能程序[105]，以 4∶1 战胜人类围棋大师。2017 年初，改进后的 AlphaGo 在网络围棋平台，7 天内与中、日、韩高手快棋较量 60 局，无一败绩。

　　DL 技术具有强大的对高维、海量数据特征处理的能力，适合在网络入侵检测中应用。目前已经有很多学者探索 DL 在网络安全中的应用，例如 Salama 等首次将 DBN 引入网络入侵检测领域[106]。Adil 等提出一种基于采样技术和 DBN 模型的网络入侵检测方法[107]。高妮等提出一种基于 DL 技术的海量数据环境下的入侵检测方法，通过 DBN 对数据进行降维处理，再利用多类型支持向量机(support vector machine, SVM)进行分类识别网络攻击行为[108]。同时，高妮等提出一种基于 SAE 的轻量化入侵检测模型，通过 SAE 对网络特征进行降维处理，再利用 SVM 分类算法进行网络入侵检测识别[109]。Tan 等将网络流通转换成为图像像素矩阵，探讨利用计算机视觉处理技术解决网络入侵问题[110]。Wang 等提出一种利用 DL 模型进行恶意代码检测的方法[111]。Shun 等提出一种利用 RNN-CNN 检查恶意软件的方法，其中利用 RNN 训练获得过程行为特征矩阵，将矩阵转换成特征图片，再通过 CNN 对图片进行分类处理，完成对恶意软件的检测[112]。

4.3.2　深度学习模型

　　本节主要对 DL 常用模型的结构、特点、作用、训练过程等问题进行分析与研究。

1. DBN 模型

DBN 是一种由多个受限玻尔兹曼机(restricted Boltzmann machines, RBM)堆叠而成的多层神经网络。RBM 的基本结构如图 4-1 所示,由可视层和隐含层两部分组成。可视层用于输入信息。隐含层用于提取特征,同层神经元之间无任何连接,不同层神经元之间为全连接。DBN 通过组合求解概率分布的方式,提取数据的不同抽象特征,适用于对数据概率分布建模和对数据进行特征分类的学习任务。

DBN 的训练过程,主要包含以下步骤。

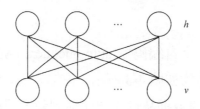

图 4-1　RBM 的基本结构

① 预训练阶段。采用无监督、非线性逐层贪婪训练的方式,通过对海量、无标签样本学习,获取较优初始模型参数。如图 4-2 所示为 DBN 的训练过程。首先,将可视层 v 与第 1 个隐含层 h_1 组成 RBM,充分训练后得到 v 与 h_1 之间的模型参数 G_1(包括神经元连接权值和偏置值)。然后,固定获得的 G_1,由第 1 个隐含层 h_1 与第 2 个隐含层 h_2 组成新的 RBM,继续进行训练获得模型参数 G_2。重复以上过程,直到整个模型训练完成。

② 参数调优阶段。采用有监督学习方式,DBN 最上两层构成联想记忆网络,通过向顶层网络输入少量有标签样本,由顶向下对整个 DBN 模型参数进行微调,可以获得更好的输出效果。

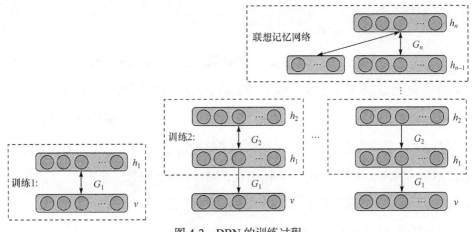

图 4-2　DBN 的训练过程

2. SAE 模型

SAE 是一种由多个自编码器(auto-encoder，AE)叠加构成的多层神经网络。AE 的基本结构如图 4-3 所示，由输入层、隐含层、输出层三层网络结构组成。其中将数据从输入层映射到隐含层的过程称为编码器，将数据从隐含层映射到输出层的过程称为解码器。数据通过编码-解码的过程实现对输入数据的重构，通过输入数据和重构数据的误差比较调节模型参数。SAE 通过对输入数据逐层降维特征表示，实现对高维数据集压缩编码和降维的目的，适用于数据转换和数据降维处理的学习任务。

SAE 的训练过程主要包含以下步骤。

① 预训练阶段。采用无监督逐层贪婪训练方式，利用 AE 的特性对海量、无标签的样本进行学习，获得较理想的模型初始化参数。如图 4-4 所示为 SAE 的训练过程。首先，由输入层 x、第 1 隐含层 h_1 和与 x 对应的输出层 ox 组成 AE，通过充分训练后获得 x 与 h_1 之间的模型参数 G_1，并移除 ox。然后，由隐含层 h_1、隐含层 h_2 和与 h_1 对应的输出层 oh_1 重新构成 AE 进行训练，获取 h_1 与 h_2 之间的模型参数 G_2。重复以上步骤完成对 SAE 的训练，并根据不同的学习任务增加对应的输出层。

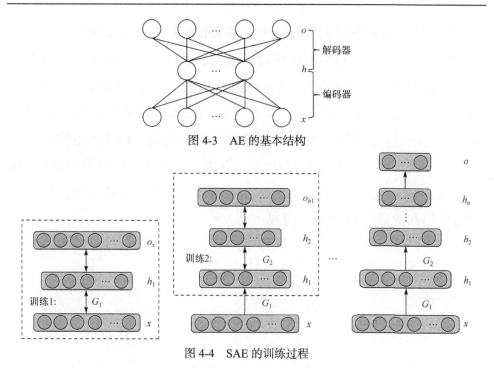

图 4-3　AE 的基本结构

图 4-4　SAE 的训练过程

② 参数调优阶段。采用有监督学习方式，通过输入有标签样本，自顶向下微调所有层的模型参数。

3. RNN 模型

在传统的神经网络中，假设隐层神经元的计算相互独立，但是这种方式在处理某些问题时效果并不理想，尤其是处理具有依赖关系的数列数据。如图 4-5 所示为 RNN 的基本结构，由输入层、隐层、输出层三层网络结构组成。隐层神经元之间相互连接，即当前隐层计算需要考虑当前输入和过去输入的信息。RNN 是一种在前馈神经网络中增加反馈连接的网络形式，深层 RNN 通过对隐层堆叠产生，具有更高的学习能力。RNN 的这种结构使其对过去的数据具有记忆功能，因此适合建立数据间的依赖关系并处理序列数据。

在对 RNN 网络进行训练时，通常采用按时间展开的反向传播算法(back propagation through time，BPTT)，利用前向传播计算每个神经元的输出值，利用反向传播计算每个神经元的误差值，并完成模型参数的更新。但采用 BPTT 对 RNN 进行训练时，无法解决长时依赖造成的梯度消失或爆炸问题。研究发现，利用记忆模块替代普通隐层神经元的方式可以有效解决上述问题。长短时记忆(long short term memory，LSTM)网络和门限循环单元(gated recurrent unit，GRU)网络就是基于这种方式产生的 RNN 重要改进模型。如图 4-6 所示为 LSTM 的基本结构。LSTM 由输入门、输出门、遗忘门、记忆细胞 4 个部分组成。如图 4-7 所示为 GRU 的基本结构。GRU 可以看成 LSTM 的一种变体，相对 LSTM 有所简化，仅由重置门和更新门两个部分组成。

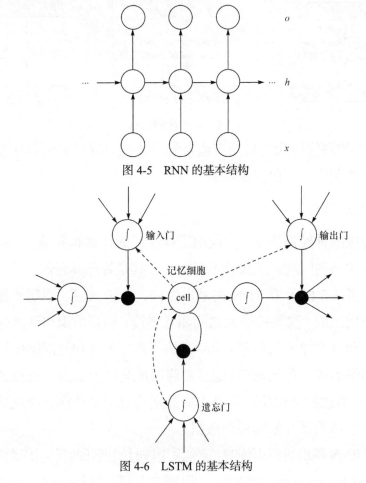

图 4-5　RNN 的基本结构

图 4-6　LSTM 的基本结构

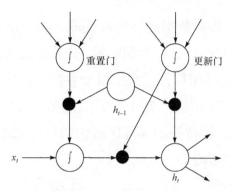

图 4-7　GRU 的基本结构

4. CNN 模型

CNN 是 DL 领域最成功的研究成果，适用于挖掘数据的局部特征、分类、识别、定位、检测等多种学习任务。CNN 是第一种真正意义上多层结构的多层神经网络。CNN 能够很好地对高维数据进行特征学习，在图像、视频等领域取得巨大成功。CNN 具有良好的容错性、并行处理能力和自学习能力，同时还具有良好的自适应能力和较快的运算速度，能够在复杂环境下对推理规则不清晰的信息进行学习。

LeNet-5 是一种经典的 CNN 模型结构，目前大部分 CNN 模型的结构都是从 LeNet-5 演化产生的。如图 4-8 所示为 LeNet-5 的基本结构图，包含输入层、卷积层、池化层、全连接层、输出层。CNN 具有局部感受野、权值共享、降采样的特点，使其在保障学习有效性的同时，降低神经网络学习的难度。

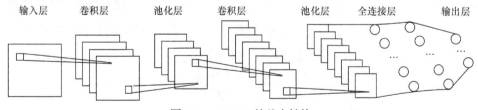

图 4-8　LeNet-5 的基本结构

CNN 采用有监督学习方式完成对模型的训练，整个模型的运行主要包含以下操作。

① 卷积操作，即对数据进行特征提取。将上层特征图中不同局部区域内的神经元与卷积核进行卷积运算，并通过激活函数组建本层特征图。如图 4-9 所示为卷积执行过程。每个卷积层由多个特征图组成，特征图的数量由具体应用决定。每个特征图由多个神经元组成。每个神经元通过卷积核与上一层特征图局部区域内的神经元连接，卷积核是神经元之间的连接权值矩阵。

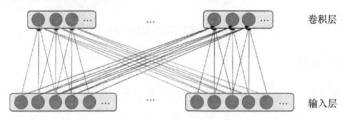

图 4-9　卷积执行过程

卷积操作可以描述为

$$h_j^l = q\left(\sum_{i \in M_i} h_i^{l-1} \otimes \omega_{i,j}^l + \eta_j^l\right)$$

其中，h_j^l 表示第 l 层的第 j 个特征图；M_i 表示特征图的集合，包含 i 个特征图；$\omega_{i,j}^l$ 表示第 l 层的第 j 个特征图与第 $l-1$ 层的第 i 个特征图连接的卷积核；η_j^l 表示偏置值；$\otimes$ 表示卷积操作；$q(\cdot)$ 表示非线性激活函数，通常可以是 sigmoid 函数、tanh 函数、relu 函数等。

② 池化操作。池化层通常位于卷积层之后，与卷积层特征图数量一致，且一一对应。池化操作的主要作用是通过降分辨率的方式，缩小特征图尺寸。如图 4-10 所示为池化层执行过程。池化层的神经元接收对应卷积层的局部区域内的神经元连接，并完成池化操作。常用的池化方法包括最大化池化、均值池化、随机池化等。

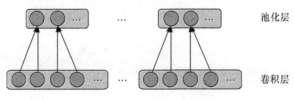

图 4-10　池化层执行过程

池化操作可以描述为

$$h_j^l = s\left(\theta_j^l p\left(h_j^{l-1}\right) + \lambda_j^l\right)$$

其中，θ_j^l 和 λ_j^l 表示偏移值；$p(\cdot)$ 表示池化操作；$s(\cdot)$ 表示激活函数，通常使用线性激活函数 $s(x) = x$。

③ 全连接操作。全连接层通常在多个卷积层与池化层之后，CNN会设置 $n(n \geqslant 1)$ 个全连接层。全连接层的每个神经元与上一层所有神经元进行全连接。其主要作用是抽取和整合数据中的高层特征，通常将训练获得的高层特征作为一个分类器的输入，进而获得特征分类结果。

全连接操作可以描述为

$$h^l = u(\phi^l h^{l-1} + \upsilon^l)$$

其中，h^l 为全连接层的向量集合；ϕ^l 表示权重矩阵；υ^l 表示偏置值；$u(\cdot)$ 表示非线性激活函数。

在对 CNN 的研究中，相关学者提出多种结构的 CNN 模型，如Alexnet、VGG、GoogleNet、ResNet 等。这些模型在不同领域取得巨大的成功，虽然它们的基本结构存在巨大差异，但都是基于以上三种基本操作实现的。

本节介绍了 DL 的常用模型，其中 DBN、SAE 更适合对一维数据的特征学习；CNN 能够对二维数据进行特征学习，尤其在图像、视频等方面取得了巨大成功；RNN 对序列数据有良好的处理能力。DL 的主要优势在深层神经网络中，当神经元数量大致不变时，可以通过增加神经元的层数获得更强大的函数表达能力。随着 DL 新模型和新算法的产生，以及与其他应用技术的结合应用，DL 在人工智能方面将取得更加巨大的成功。

4.4　无线传感器网络的网络入侵检测问题

WSN 的网络入侵检测与基于互联网的网络入侵检测具有相似性，都是通过对不同网络连接数据进行分析，发现其中存在的安全威胁，从而实现网络入侵检测。为了对这个过程进行描述，分别做以下定义。

① 定义 y 为模型的输出信息，即网络入侵检测的结果，通常为网络受到的不同攻击类型。

② 定义 X 为模型的输入信息，即网络连接数据。这类数据通常包含多种不同的属性，可以描述为

$$X=(x_1,x_2,\cdots,x_n)$$

其中，x_n 表示网络连接数据的第 n 个属性值。

③ 定义 R 为 X 中属性间的关系集合，通过对 X 不同属性的关系进行分析，可以发现可能存在的网络攻击类型，可描述为

$$R=\begin{bmatrix} r_{11} & \cdots & r_{1n} \\ \vdots & & \vdots \\ r_{n1} & \cdots & r_{nn} \end{bmatrix}$$

其中，r_{ij} 表示 X 中属性 x_i 和属性 x_j 之间存在的关系。

WSN 的网络入侵检测主要包含两部分工作，分别是获取属性间的关系和入侵检测。

4.4.1　获取属性关系

通过对 X 中的不同属性进行分析，可以发现其中能够用于网络入侵检测的关系。这个过程可以描述为

$$R=g(X,\alpha)$$

其中，$g(\bullet)$ 表示从属性集到关系集的转换过程；α 表示转换过程中的参数集合。

4.4.2　入侵检测

利用特定的方法对关系集合 R 进行分析，从而判断 WSN 的网络入侵检测的结果。这个过程可以描述为

$$y=f(R,\beta)$$

其中，$f(\bullet)$ 表示关系集合到 WSN 的网络入侵检测结果的转换过程；β

表示这个转换过程中的参数集合。

因此，WSN 的网络入侵检测过程可以描述为

$$y = f(g(X,\alpha),\beta)$$

基于以上分析，在对 WSN 的网络入侵检测问题进行研究时，主要是求解获取属性关系中的 $g(\cdot)$ 和相关参数集合 α，求解入侵检测中的 $f(\cdot)$ 和相关参数集合 β。

4.5　基于卷积神经网络的网络入侵检测模型

在构建基于 CNN 的 WSN 入侵检测模型时，需要考虑多方面因素，不但要考虑入侵检测问题，而且要考虑对 WSN 的实用性和 CNN 的基本工作特性。

4.5.1　利用 CNN 实现入侵检测的模型结构

基于 CNN 构建 WSN 的网络入侵检测模型时，首先要考虑 CNN 模型的基本特性。为了提高 CNN 模型的检测准确率，往往需要通过对大量样本的训练实现，而 CNN 训练需要消耗大量的计算资源。为了更好地提高 CNN 的模型训练速度，通常采用图形处理器(graphics processing unit, GPU)方式进行模型训练。实践证明，GPU 方式对样本的训练速度远高于 CPU 方式，然而常用的网络安全设备并未配置运算效能较高的 GPU，不适合快速进行 CNN 训练，因此一种训练和检测分离的模型被提出。如图 4-11 所示为基于 CNN 的网络入侵检测模型结构图。在网络中构建包含特殊 GPU 设备的 DL 训练中心，首先在网络入侵检测设备和 DL 训练中心，配置相同网络结构的 CNN 模型；然后由网络入侵检测设备收集 WSN 中的网络连接数据，为 DL 训练中心提供训练样本，DL 训练中心对训练样本进行学习，实现对 CNN 模型参数的训练，并将训练好的 CNN 模型参数传递给网络入侵检测设备；最后网络入侵检测设备利用这些模型参数，对自身 CNN 模型进行参数配置，实现网络入侵检测。

在设计 WSN 的网络入侵检测模型时，还需要考虑 WSN 的自身特性，主要包含以下方面。

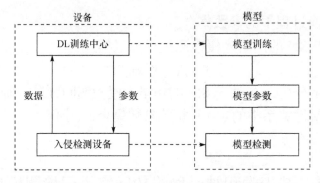

图 4-11 基于 CNN 的网络入侵检测模型结构

① 传感器节点资源有限，不能因为网络安全设备的部署对传感器节点带来太多的资源消耗。

② 传感器节点携带的能量资源不可再生，当能源耗尽时节点将退出 WSN，因此 WSN 节点具有不确定性。

③ WSN 采用自组织组网方式，网络拓扑结构动态可变，传感器相邻节点的关系也会不断变化，因此需要考虑在复杂网络结构中网络安全设备的可维护性。

④ 为了避免故障问题对入侵检测设备的影响，在设备部署时采用冗余机制。

4.5.2 基于 CNN 的入侵检测模型结构

基于以上原因，这里采用层次式体系结构设计一种 WSN 的网络入侵检测模型。如图 4-12 所示为 WSN 的网络入侵检测模型结构图。该模型主要包含以下部分。

① 为了不额外消耗节点过多的资源，传感器节点只负责入侵检测模型的采集和响应工作，即完成网络连接数据的采集工作。处理后把数据发送给汇聚节点，同时根据汇聚节点发送的入侵检测信息作出响应。

② 由于汇聚节点计算资源充足，并不受自身能量因素影响，同时又是 WSN 与外网连接的网关节点，因此在汇聚节点布置 WSN 入侵检测设备，主要负责对外部接入用户和区域内网络的入侵检测，对节点

提供数据进行整合，为 DL 训练中心提供训练数据，并根据 DL 训练中心发送的模型参数对自身 CNN 模型进行配置。

　　③ DL 中心是整个入侵检测模型的核心部分，通过对网络连接数据的学习，为网络中的入侵检测设备提供模型配置参数。

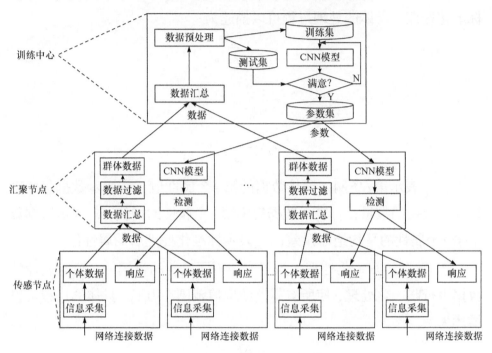

图 4-12　WSN 的网络入侵检测模型结构

4.6　基于卷积神经网络的网络入侵检测模型的数据处理

　　为了使 CNN 能够更好地对网络连接数据进行特征学习，需要对数据进行预处理。根据 CNN 的特点，CNN 更适合对图像这种二维数据进行学习，而网络连接数据是一维数据，因此提出一种对网络连接数据进行图形化处理方式，分别将网络数据转换成灰度图或 RGB 图，从而实现 CNN 对数据的特征学习[113]。处理过程主要包含以下步骤。

　　① 数据的数字化处理。通过对网络连接数据进行分析，部分属性

是用字符串进行描述的，因此需要将这些字符串描述转换成数字描述，常用的数据处理方式有 word2vec、one-hot 等。

② 数据的标准化处理。在网络连接数据中，不同属性的取值范围有很大的差异，为了降低这种差异对特征学习的影响，需要对数据进行标准化处理。具体的处理过程可以描述为

$$\bar{x}_j = \frac{1}{m}\sum_{i=1}^{m} x_{ij}$$

$$s_j = \frac{1}{m}\sum_{i=1}^{m} \left| x_{ij} - \bar{x}_j \right|$$

$$x'_{ij} = \frac{x_{ij} - \bar{x}_j}{s_j}$$

其中，x_{ij} 表示第 i 条网络连接数据的第 j 个属性值；m 表示数据集中网络连接数据的数量；$\bar{x}_j$ 表示数据集中第 j 个属性的均值；s_j 表示数据集中第 j 个属性的平均绝对误差；x'_{ij} 表示标准化处理后的属性值。

③ 数据的归一化处理。为了统一不同属性的量纲，对所有属性的数据进行归一化处理，使所有属性的取值范围在[0,1]。具体的过程可以描述为

$$\hat{x}_{ij} = \frac{\text{MAX}_j - x'_{ij}}{\text{MAX}_j - \text{MIN}_j}$$

其中，MAX_j 表示第 j 个属性的最大值；MIN_j 表示第 j 个属性的最小值；$\hat{x}_{ij}$ 表示归一化处理后的属性值。

④ 数据的矩阵化处理。为了将一维数据转换为二维数据，需要对数据进行矩阵化处理。首先，将包含多个属性的一维数据转换成对角矩阵。然后，通过提取不同属性之间的关系，形成属性的关系矩阵。具体过程可以描述为

$$A_i = \begin{bmatrix} \hat{x}_{i1} & \cdots & 0 \\ \vdots & & \vdots \\ 0 & \cdots & \hat{x}_{in} \end{bmatrix}$$

$$A_i = \begin{bmatrix} \hat{x}_{i1} & \cdots & 0 \\ \vdots & & \vdots \\ 0 & \cdots & \hat{x}_{in} \end{bmatrix} \Rightarrow R_i = \begin{bmatrix} r_{11} & \cdots & r_{1n} \\ \vdots & & \vdots \\ r_{n1} & \cdots & r_{nn} \end{bmatrix}$$

其中，A_i 表示一个由数据转换的对角矩阵；R_i 表示不同属性之间形成的关系矩阵。

属性之间的关系通常可以通过不同形式的距离求解获取。

⑤ 数据的图形化处理。为了使 CNN 获得训练图像，对步骤④生成的关系矩阵进行图形化处理，通过将每个属性值扩展到[0,255]，实现属性关系值与像素值的对应。具体转换关系可以描述为

$$r'_{ij} = \frac{r_{ij}}{\text{RMAX}_j} \times 255$$

其中，RMAX_j 表示关系矩阵 R 中第 j 个属性的最大值。

由于常用的 CNN 模型都具有对灰度图和 RGB 图处理的能力，因此可以通过步骤④提取一种属性关系形成灰度图，分别提取三种不同的属性关系形成 RGB 图。在对基于 CNN 的 WSN 的网络入侵检测研究时，采用以上步骤，分别产生灰度图和 RGB 图不同类型的样本，从而实现对基于 CNN 网络入侵检测模型的训练和验证。

4.7　卷积神经网络的模型结构

基于 CNN 的工作原理，成功衍生出多种不同结构的模型，这些模型被广泛应用于多个领域。通过对多种模型的结构比较和对比实验，在实现 WSN 的网络入侵检测时，选择 inception-v3 模型结构。Google Inception Net 首次出现在 ILSVRC 2014 的比赛中，以较大优势获得冠军。其最大的优势在于在控制参数数量的同时可以获得理想的分类效果。与传统的 CNN 模型的线性结构不同，这种模型将多个卷积层并联在一起形成了一种 inception 模块。如图 4-13 所示为 inception 模块的结

构图。inception 模块采用不同大小的卷积核处理输入矩阵，然后将结果处理成更深的矩阵。通过这个过程，inception 模块可以有效地扩展网络的深度和宽度，从而达到提高模型精度和解决过拟合问题的目的[114]。在应用 VGG 模型之后，Ioffe 用两个 3×3 的卷积替换 5×5 的卷积，并提出批量化的方法，构建 inception-v2 模型，相比原网络训练速度和准确率可以获得很大提升[115]。

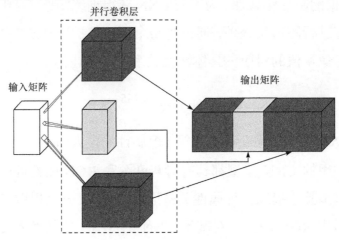

图 4-13　inception 模块的结构图

在 inception-v2 的基础上，通过引入卷积分解的概念，Szegedy 构建了 inception-v3 模型[116]。该模型将一个较大的二维卷积拆解成两个较小的一维卷积，如将 7×7 卷积分解为 1×7 卷积和 7×1 卷积，实现卷积结构的化简，通过这种方式进一步提高模型的分类检测准确率，降低模型训练的难度。如图 4-14 所示为 inception-v3 模型的结构图，其中包含 11 个 inception 模块。

如图 4-15 所示为 inception-v3 模型的三种基本模块结构图。不同的 inception 模块采用不同的结构，inception1 结构如图 4-15(a)所示，inception5 结构如图 4-15(b)所示，inception9 结构如图 4-15(c)所示。

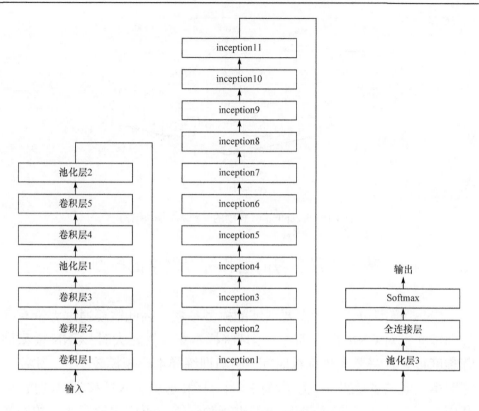

图 4-14　inception-v3 模型的结构图

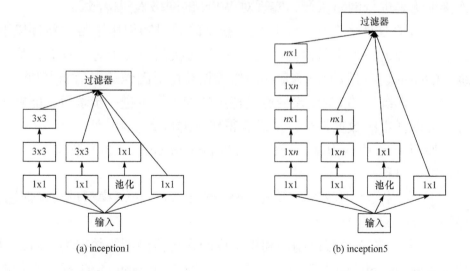

(a) inception1　　　　　　　　　　　　(b) inception5

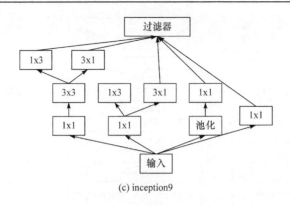

(c) inception9

图 4-15　inception-v3 模型的三种基本模块结构

4.8　基于迁移学习的卷积神经网络的模型训练

CNN 模型包含大量需要训练的模型参数，因此需要通过大量有标签训练样本对 CNN 模型训练。当训练样本集规模较大时，CNN 模型训练难度很大且需要大量训练时间，而当训练样本集规模较小时，往往不能取得满意的训练效果。为了解决这个问题，这里引入迁移学习的机制，利用大型图像训练集对 CNN 模型进行预训练，再应用图形化后的网络连接训练集进行网络微调，实现对 WSN 的网络入侵检测。

迁移学习是将在某一个环境下获得的学习知识用于帮助新环境下的学习任务的一种学习机制[117]。这种学习机制适用于对 CNN 模型训练，CNN 模型可以通过海量的图像数据获得对图像的表示能力和泛化能力，将训练好的 CNN 模型通过特定的训练样本进一步学习，能够更好地提取样本的数据特征，从而获得较好的分类效果[118]。

如图 4-16 所示为基于迁移学习机制的 inception-v3 模型训练，主要包含以下过程。

① 利用大型图像数据库 ImageNet 对 inception-v3 模型进行预训练，得到 inception-v3 模型参数。

② 基于迁移学习机制，利用生成的入侵检测训练数据集，对经过预训练的 inception-v3 模型进一步训练，实现 inception-v3 模型参数的微调。

③ 利用设定的入侵检测测试数据集，对训练好的 inception-v3 模型的网络入侵检测能力进行验证。

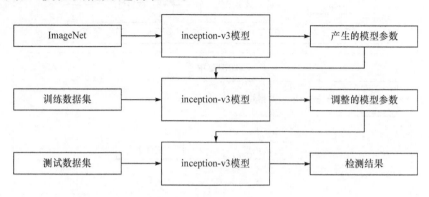

图 4-16　基于迁移学习机制的 inception-v3 模型训练过程

4.9　基于卷积神经网络的网络入侵检测的实现过程

基于 CNN 的 WSN 网络入侵检测模型需要完成模型训练和模型检测两个阶段的工作。

4.9.1　模型训练

如图 4-17 所示为模型训练阶段的基本工作流程。通过对数据的采集、过滤、预处理构建 WSN 的网络入侵检测的数据集，并通过数据集完成对 CNN 模型的训练工作。

① 数据采集。传感器节点采集网络中的数据。

② 数据过滤。汇聚节点汇总各个传感器节点采集的数据，并过滤掉其中的大量冗余数据。

③ 数据汇总。将不同汇聚节点发送的数据整合，形成训练数据。

④ 数据处理。将训练数据转换成适合 CNN 特征学习的数据集。

⑤ CNN 模型训练。构建 CNN 模型，选择模型的训练方法，利用数据集对 CNN 模型进行训练，产生模型参数集合。

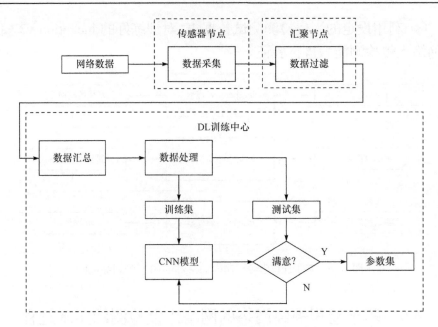

图 4-17　模型训练阶段的基本工作流程

4.9.2　模型检测

如图 4-18 所示为模型检测阶段的基本工作流程。利用在 DL 训练中心训练获得的 CNN 模型参数，对汇聚节点的 CNN 模型进行配置，利用配置后的 CNN 模型，实现对 WSN 的网络入侵检测。

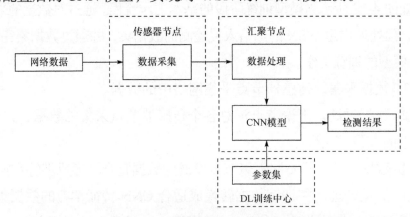

图 4-18　模型检测阶段的基本工作流程

① 参数配置。CNN 模型完成训练后，产生对应的模型参数集，为

存在于汇聚节点上相同类型的 CNN 检测模型进行参数配置。

② 数据采集。传感器节点采集网络中的数据。

③ 数据处理。汇聚节点对收集的数据进行标准化处理，产生适用于 CNN 模型检测的数据。该部分与模型训练时的数据预处理实现方式一致。

④ CNN 模型检测。将数据输入 CNN 模型中，CNN 模型对数据进行分析，产生对应的网络入侵检测结果，获取当前 WSN 的网络安全状态。

4.10　仿 真 实 验

通过实验，验证基于 CNN 的 WSN 网络入侵检测模型的有效性。虽然 WSN 与传统网络具有明显差异，但是网络连接类型和攻击类型具有高度的相似性，因此可以选用典型的入侵检测数据集作为实验样本。选择 KDD CUP 99 数据集验证 WSN 的网络入侵检测模型的有效性，在这个数据集中大约有 500 万条连接记录，包含正常记录和攻击记录。在攻击记录中包含 4 种常见网络攻击类型，分别是 DoS 攻击、Probing 攻击、U2R 攻击、R2L 攻击。在这 4 种攻击类型中，包含 39 种攻击方法。KDD CUP 99 是公认的、最权威的网络入侵检测的测试数据集。

4.10.1　实验设计

通过对 WSN 入侵检测问题的分析，定义 WSN 的网络入侵检测要求解的问题，即获取属性间的关系 $g(\cdot)$ 和相关参数集 α；WSN 网络入侵检测的转换关系 $f(\cdot)$ 和相关参数集合 β。为了实现这些问题的求解，分别对网络入侵检测的实验环境、实验样本、实验步骤进行定义。

CNN 是一种深层的神经网络模型，存在大量的模型参数，因此利用 CNN 对实验样本进行学习时，对计算机的运算能力要求较高。为了提高 CNN 模型的训练效率，通常采用 GPU 计算方式实现，因此需要配置性能较高的显卡和与之配套的硬件设备。为了满足实验的需要，构建如表 4-1 所示的实验环境。

表 4-1　实验环境

环境	具体配置
硬件环境	CPU: Ryzen 1700
	内存: 16G DDR4-2400
	显卡: Nvidia Gtx1070ti
	硬盘: M2 固态硬盘
软件环境	Windows 10 64 位
	Anaconda 3.4.2
	CUDA 8.0
	CUDNN 6.0
	Tensorflow

为了对构建的 WSN 入侵检测模型进行训练和测试，构建对应的实验数据集，在 KDD CUP 99 的数据集中随机抽取 5 万条带标签的连接记录，其中 80%的数据作为模型的训练数据集，10%的数据作为训练过程中的验证数据集，10%的数据作为训练完成后的测试数据集。

如图 4-19 所示为设定的实验基本流程，主要包含以下步骤。

① 预处理实验数据集，即设定实验输入 X。对 X 进行预处理生成标准数据集，主要包括数字化处理、标准化处理、归一化处理。

② 标准数据集的图像转换。通过图像转换确定属性间的关系 $g(\cdot)$ 和相关参数集 α，并获得关系集合 R，主要包括矩阵化处理、图形化处理，并通过对数据的属性关系进行分析，生成对应的灰度图和 RGB 图，以此作为 CNN 模型的实验样本。

③ 入侵检测模型的训练和测试。生成的图形化训练数据集对 CNN 模型进行训练，确定入侵检测的 $f(\cdot)$ 和相关参数集合 β；基于测试数据

集对入侵检测模型进行测试。对训练好的 CNN 模型，利用生成的图形化测试数据集，求解网络入侵检测结果 y，通过实验结果验证方法的有效性。

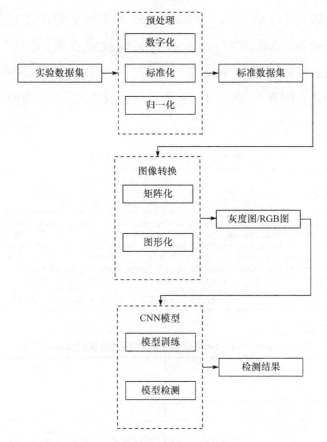

图 4-19 实验基本流程

4.10.2 基于 CNN 的网络入侵检测模型实现

首先，通过对网络连接数据进行预处理和图形化处理，构建实验数据集。然后，构建 WSN 的网络入侵检测模型，并实现模型的训练和测试。以下为具体的实现过程。

1. 数据集预处理

① 数据的数字化处理。在 KDD CUP 99 中，每条网络连接记录包

含 41 个属性和 1 个标签。这 41 个属性包含 38 个数字表示的特征和 3 个字符串表示的特征。如表 4-2 所示为 3 个字符串描述的属性。因此，需要对字符串数据进行数字化处理，通过 one-hot 方式实现字符串的数字化表示。如表 4-3 所示为 protocol type 下 3 种字符串描述信息的数字化表示，通过 one-hot 转换 protocol type 转换成 3 维的数学表示特征。同理，service 可以转换成 70 维的数字表示特征，flag 被转换成 11 维的数字表示特征。因此，原始 41 维的网络连接数据可以转换成 122 维数字特征描述。

表 4-2　3 个字符串描述的属性

属性名	字符串描述
protocol type	TCP,UDP,ICMP
service	aol, auth, bgp, courier, csnet_ns, ctf, daytime, discard, domain, domain_u, echo, eco_i, ecr_i, efs, exec, finger, ftp, ftp_data, gopher, harvest, hostnames, http, http_2784, http_443, http_8001, imap4, IRC, iso_tsap, klogin, kshell, ldap, link, login, mtp, name, netbios_dgm, netbios_ns, netbios_ssn, netstat, nnsp, nntp, ntp_u, other, pm_dump, pop_2, pop_3, printer, private, red_i, remote_job, rje, shell, smtp, sql_net, ssh, sunrpc, supdup, systat, telnet, tftp_u, tim_i, time, urh_i, urp_i, uucp, uucp_path, vmnet, whois, X11, Z39_50
flag	OTH, REJ, RSTO, RSTOS0, RSTR, S0, S1, S2, S3, SF, SH

表 4-3　protocol type 下 3 种字符串描述信息的数字化表示

Protocol type	数字描述
TCP	1,0,0
UDP	0,1,0
ICMP	0,0,1

② 数据的标准化处理。对转换后的 122 维数据，进行标准化处理。

③ 数据的归一化处理。对标准化后的 122 维数据，进行归一化处理。

2. 数据集图形化处理

对于预处理后获得的 122 维数据，采用不同的规则进行转换，生成数据间的关系集合，并利用这个集合生成相应分辨率的灰度图和 RGB 图。两种类型图的具体转换过程描述如下。

① 灰度图转换。利用欧氏距离作为由数据集合到关系集合的转换规则，具体过程可以描述为

$$r_{ij} = \sqrt{\sum_{k=1}^{n}(x_{ik} - x_{jk})^2}$$

其中，r_{ij} 表示第 i 个向量和第 j 个向量的欧氏距离；x_{ik} 表示网络连接数据中第 i 个向量的第 k 个属性。

利用公式转换成相应灰度图的分辨率，如图 4-20 所示为通过欧氏距离生成的 122×122 像素的属性关系灰度图。

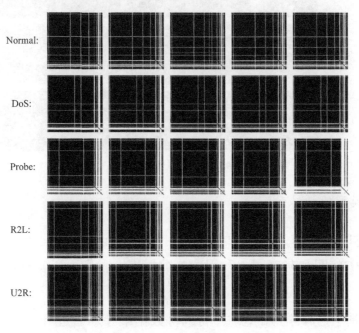

图 4-20　属性关系灰度图

② RGB 图转换。选取欧氏距离、自身属性对角矩阵、曼哈顿距离三种规则生成三种不同的数据关系，分别作为 RGB 图的三个通道，从而生成 RGB 图。曼哈顿距离可以描述为

$$r_{ij} = \sum_{k=1}^{n}|x_{ik} - x_{ik}|$$

将这三种属性转换成相应 RGB 图的分辨率，如图 4-21 所示为生成

的 122×122 像素的属性关系 RGB 图。

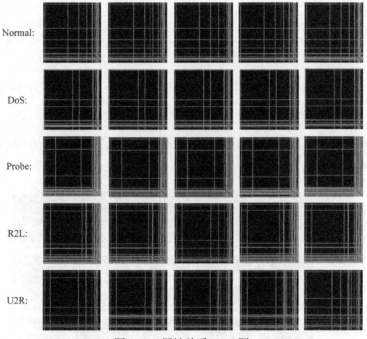

图 4-21　属性关系 RGB 图

3. 模型的训练和测试

通过以上操作，将设定的训练数据集、验证数据集、测试数据集都转换成 RGB 图和灰度图，利用这些数据集，我们可以实现模型的训练和测试。

① 基于迁移学习的思想，将训练数据集导入通过 ImageNet 训练好的 inception-v3 模型中，进行模型参数的微调训练。

② 模型训练完成后，通过测试数据集，测试 WSN 入侵检测模型的准确性和有效性。

4.10.3　实验结果分析

1. 实验结果

分别验证灰度图和 RGB 图模式下，WSN 的网络入侵检测的准确率，共完成 10 轮重复实验。如表 4-4 所示为不同迭代次数时，两种实验样本入侵检测的平均准确率。如图 4-22 所示为不同迭代次数时，基于灰度图和 RGB 图的 WSN 的网络入侵检测准确率对比图。由此可见，基于 CNN 的 WSN 入侵检测模型取得了优秀的检测效果，当训练充足时，网络入侵检测的准确率超过 98%。

表 4-4　两种实验样本入侵检测的平均准确率

迭代次数	200	500	1000	2000	5000	10 000	20 000	50 000	100 000
灰度图准确率/%	88.8	92.1	93.6	94.8	95.6	96.5	98.0	98.6	98.8
RGB 图准确率/%	90.8	91.8	93.0	93.7	94.7	96.0	96.7	97.5	98.0

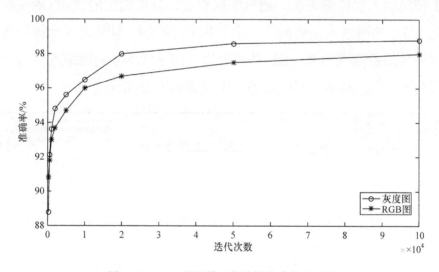

图 4-22　WSN 的网络入侵检测准确率对比图

2. 对比分析

将采用 inception-v3 结构的 CNN 模型分别与 SVM 模型和 BP 神经网络模型进行入侵检测准确率对比。所有模型的最大迭代次数统一设置为 1000 次。通过 10 轮重复实验，验证不同模型对 WSN 的网络入侵检测的准确率。如表 4-5 所示为不同模型在 WSN 的网络入侵检测中的平均准确率，其中 BP 神经网络平均准确率为 82.6%，SVM 平均准确率为 89.8%，基于 RGB 图样本的 CNN 模型的平均准确率为 93.0%，基于灰度图样本的 CNN 模型的平均准确率为 93.6%。

表 4-5　不同模型在 WSN 的网络入侵检测中的平均准确率

入侵检测方法	inception-v3 (RGB 图)	inception-v3 (灰度图)	SVM	BP 神经网络
平均准确率/%	93.0	93.6	89.8	82.6

　　如图 4-23 所示为基于不同模型的 WSN 的网络入侵检测准确率对比图。由此可见，基于 inception-v3 结构的 CNN 模型的检测准确率要高于传统的入侵检测方法。通过实验验证，这里提出的利用 CNN 模型实现 WSN 的网络入侵检测的方法是完全可行的，且具有高于传统入侵检测方法的检测准确率。DL 技术可以应用于 WSN 的网络入侵检测，将成为 WSN 的网络入侵检测的一个全新研究方向。

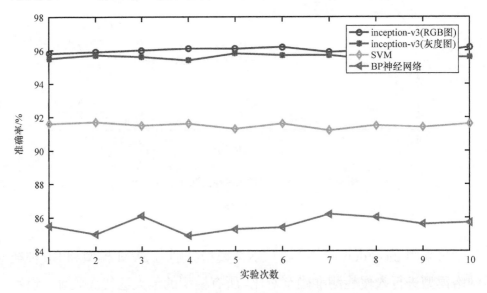

图 4-23　WSN 的网络入侵检测准确率对比图

通过以上的实验验证，基于 CNN 的 WSN 的网络入侵检测方法的优势主要体现在以下方面。

① 检测准确率。CNN 模型具有强大的高维数据处理能力，使用时不需要对高维数据进行降维处理，从而减少对数据关联性和完整性的破坏，因此利用训练好的 CNN 模型实现入侵检测，具有较高的检测准确率。

② 训练和检测速度。在对模型进行训练和检测时，从硬件角度引入 GPU 训练机制，从软件角度引入迁移训练机制，可以降低基于图形数据的模型训练难度，大大提高模型的训练和检测速度。

③ 适应性。通过对数据的图形化处理，将网络连接数据转换为特征图。这种图形数据适合不同的 CNN 模型使用，因此可以有效地利用 CNN 的最新研究成果，不断提高模型的检测准确率。

4.11　本章小结

将 DL 技术应用于 WSN 的网络入侵检测是一个新的研究课题。特别是，CNN 模型的引入为入侵检测问题的研究提供了一种全新的解决思路。本章提出一种基于 CNN 的 WSN 的网络入侵检测方法，通过对网络连接数据预处理和图形化处理，使之适用于 CNN 模型的训练和使用，通过迁移学习机制，可以降低 CNN 模型的训练难度，并提高模型的检测准确率。实验证明，这种方法能有效用于网络入侵检测问题研究的有效性，同时具有高于传统入侵检测方法的准确率。

第5章　无线传感器网络可靠性评估

5.1　引　　言

WSN 的可靠性主要受到内部因素和外部因素的影响,且将内部因素可以归纳为节点故障诊断问题,外部因素可以归纳为网络入侵检测问题。第 3 章和第 4 章分别对这两个问题进行了研究,提出解决方法,并得到很好的检测效果。基于以上研究,综合内部因素和外部因素对 WSN 可靠性的影响,本章对 WSN 可靠性评估问题进行研究。

5.2　无线传感器网络可靠性评估

作为物联网的一项重要技术,WSN 已经广泛应用于多个领域,WSN 由大量传感器节点组成,不同功能的传感器节点能够收集目标对象的不同信息,如温度、湿度、压力、光照等。WSN 是一种以数据为中心的网络,因此一个重要问题是如何验证当前网络的可靠性,进而保障从目标对象收集到的数据的准确性。然而,WSN 中存在大量影响可靠性的因素。由此可见,在这些影响因素的共同作用下,WSN 的运行可靠性是动态可变的。因此,通过掌握当前 WSN 的运行状态,评估其可靠性,确保 WSN 采集数据的准确性和有效性就成为一个核心问题。由于 WSN 可靠性受到多种因素的影响,而这些因素既包含定量信息,又包含定性信息,且信息中包含各种不确定性因素,因此需要设计一种有效的 WSN 运行可靠性评估方法。

对 WSN 可靠性评估方法的研究可以分为定性知识评估法、数据驱动评估法和混合评估法。虽然以上 3 种方法在 WSN 可靠性评估中都具有一定的应用价值,但是它们都存在缺陷,既不能有效地利用包含定性知识和定量数据的半定量信息，又不能有效地处理各种不确定因素。对 WSN 进行可靠性评估时，大部分评估指标都包含以上特征，如果无法有效地利用这些信息，那么 WSN 可靠性评估结果的准确性将不能得到保障。

为了克服传统 WSN 可靠性评估方法的缺陷，获得更为准确的可靠性评估结果，这里提出一种基于分层 BRB 的可靠性评估方法[119]。BRB 模型的本质可以认为是一种专家系统，它可以有效处理各种类型不确定的信息，建立输入和输出之间的非线性模型。因此，BRB 模型非常适合研究 WSN 可靠性评估问题。通过对影响 WSN 可靠性的内部因素和外部因素进行分析，首先基于专家经验建立 BRB 模型，然后利用数据对模型参数进行优化，从而实现 WSN 可靠性评估。

5.3　无线传感器网络可靠性评估问题

通过对 WSN 可靠性影响因素的分析，将 WSN 可靠性评估问题分解为 WSN 的故障评估和 WSN 的安全评估，同时为了解决 WSN 的可靠性评估问题，设计一种分层可靠性评估模型。本章基于这种分层模型实现对 WSN 的可靠性评估。如图 5-1 所示为 WSN 可靠性评估框架。

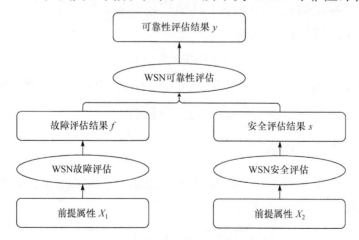

图 5-1　WSN 可靠性评估框架

通过对 WSN 的运行状态分析，实现对 WSN 的故障评估和对 WSN 的安全评估，对 WSN 的可靠性进行评估。为了描述 WSN 可靠性评估问题，分别做以下定义。

① 定义 y 表示可靠性评估的最终输出结果，f 表示 WSN 故障评估的输出结果，s 表示 WSN 安全评估的输出结果。

② 定义 X_1 表示故障评估的输入，X_1 中包含多个故障评估的前提属性，可以描述为

$$X_1 = \left\{ x_1^1, x_2^1, \cdots, x_n^1 \right\}$$

其中，x_i^1 表示故障评估输入样本中的第 i 个前提属性的值，$i = 1, 2, \cdots, n$。

③ 定义 X_2 表示安全评估的输入，X_2 中包含多个安全评估的前提属性，可以描述为

$$X_2 = \left\{ x_1^2, x_2^2, \cdots, x_n^2 \right\}$$

其中，x_i^2 表示安全评估输入样本中的第 i 个前提属性的值，$i = 1, 2, \cdots, n$。

WSN 的可靠性评估主要由 WSN 的故障评估、WSN 的安全评估、WSN 的可靠性评估三部分组成。

5.3.1　无线传感器网络故障评估

利用故障诊断获取的 WSN 故障状态信息，可以实现 WSN 的故障评估。具体过程可以描述为

$$f = \mathrm{BRB}_1(X_1, \eta_1)$$

其中，$\mathrm{BRB}_1(\cdot)$ 表示在 WSN 故障评估中，评估前提属性与评估结果之间的映射关系；η_1 表示映射关系中的参数集合。

5.3.2　无线传感器网络安全评估

利用入侵检测获取的 WSN 安全状态信息，可以实现 WSN 的安全评估。具体过程可以描述为

$$s = \mathrm{BRB}_2(X_2, \eta_2)$$

其中，$\mathrm{BRB}_2(\cdot)$ 表示在 WSN 安全评估中，评估前提属性与评估结果之间的映射关系；η_2 表示映射关系中的参数集合。

5.3.3　无线传感器网络可靠性评估

利用 WSN 的故障评估结果和 WSN 的安全评估结果，实现 WSN 的可靠性评估，具体过程可以描述为

$$y = \mathrm{BRB}_3(f, s, \eta_3)$$

其中，$\mathrm{BRB}_3(\cdot)$ 表示在 WSN 可靠性评估中，由故障评估结果和安全评估结果到可靠性评估结果之间的映射关系；η_3 表示这个映射关系中的参数集合。

通过以上分析，WSN 可靠性评估的主要研究问题就转换为求解 $\mathrm{BRB}_1(\cdot)$、$\mathrm{BRB}_2(\cdot)$、$\mathrm{BRB}_3(\cdot)$，以及相关参数 η_1、η_2、η_3。

5.4　基于置信规则库的可靠性评估模型

基于对 WSN 可靠性评估问题的描述，提出一种基于分层 BRB 的 WSN 可靠性评估模型。首先，基于专家知识，通过对 WSN 评估过程的机理分析，构建 BRB 评估模型。然后，根据模型的特点，设计相应的模型推理过程。最后，利用数据对模型进行训练，实现对模型参数的优化。

5.4.1　可靠性评估模型基本结构

在 WSN 可靠性评估中，通过使用 BRB 来有效地利用各种前提属性中的不确定性因素，然而过多的前提属性会导致 BRB 构建模型的规则爆炸问题。为了有效地解决这一问题，研究人员设计了一种分层 BRB 的可靠性评估模型[120,121]。如图 5-2 所示为基于分层 BRB 的可靠性评估基本结构图，主要包含 WSN 故障评估、WSN 安全评估和 WSN 可靠性评估。

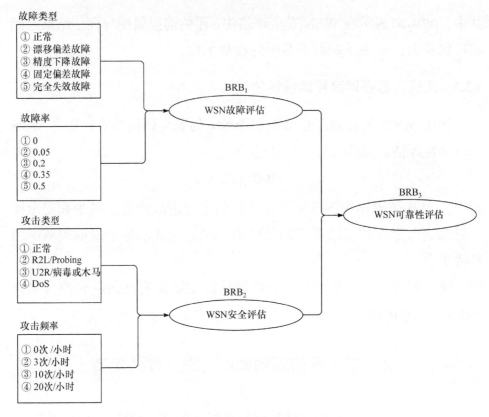

图 5-2　基于分层 BRB 的可靠性评估基本结构图

5.4.2　无线传感器网络故障评估

根据 WSN 的故障现象，故障类型可以分为漂移偏差故障、精度下降故障、固定偏差故障、完全失效故障。这些故障对 WSN 的影响效果存在明显差异，可以通过以下公式进行描述。

(1) 漂移偏差故障

$$\text{System}_{\text{out}}(t) = \text{System}_{\text{true}}(t) \times \phi(t)$$

(2) 精度下降故障

$$\text{System}_{\text{out}}(t) = \text{System}_{\text{true}}(t) \pm \varepsilon$$

(3) 固定偏差故障

$$\text{System}_{\text{out}}(t) = \text{System}_{\text{true}}(t) \pm \Delta$$

(4) 完全失效故障

$$\text{System}_{\text{out}}(t) = \Delta$$

其中，$\text{System}_{\text{out}}(t)$ 表示 t 时刻的测量值；$\text{System}_{\text{true}}(t)$ 表示 t 时刻的真实值；$\phi(t)$ 表示 t 时刻的数据的增益变化率；ε 表示随机数；Δ 表示固定常数。

不同的故障类型对 WSN 获取数据的准确性会产生不同的影响效果，同时发生故障的传感器的比例也会对 WSN 获取数据的准确性产生不同的影响效果，而 WSN 可靠性的关键目标是保障 WSN 获取数据的准确性，因此我们选取故障类型和故障率作为 WSN 故障评估的前提属性。如表 5-1 所示，根据专家知识设置前提属性不同取值时，将对故障评估产生不同的影响。

表 5-1　WSN 故障参考等级

故障等级 (FL)	故障类型 (x_1^1)	故障率 (x_2^1)
无故障(NF)	正常	0
低(L)	精度下降故障	0.05
中(M)	固定偏差故障	0.2
高(H)	漂移偏差故障	0.35
很高(VH)	完全失效故障	0.5

在表 5-1 中，前提属性的参考值点可以描述为

$$A_1 \in \{\text{NF}, \text{L}, \text{M}, \text{H}, \text{VH}\}$$

$$A_2 \in \{\text{NF}, \text{L}, \text{M}, \text{H}, \text{VH}\}$$

其中，A_1 表示 x_1^1 的参考值点集合；A_2 表示 x_2^1 的参考值点集合。

定义 f 为故障评估结果，划分为很差(VP)、差(P)、一般(M)、好(G)、很好(VG)，即

$$f = (D_1, D_2, D_3, D_4, D_5) = (\text{VP}, \text{P}, \text{M}, \text{G}, \text{VG})$$

基于以上设定，WSN 故障评估的 BRB 模型被构建，其评估规则可以描述为

$$R_k \text{ of fault} : \text{If } x_1^1 \text{ is } A_1^k \text{ and } x_2^1 \text{ is } A_2^k,$$

$$\text{Then } f \text{ is } \left\{(D_1, \beta_{1,k}), \cdots, (D_5, \beta_{5,k})\right\}$$

$$\text{With a rule weight } \theta_k$$

$$\text{and attribute weight } \delta_1, \delta_2$$

其中，R_k 表示 BRB 模型第 k 条规则；$\beta_{i,k}$ 表示第 k 条规则产生 D_i 评估结果的置信度；θ_k 表示第 k 条规则的规则权重；δ_1 和 δ_2 代表属性权重。

　　基于 BRB 的故障评估模型共设定 25 条置信规则。通过对 WSN 不同故障类型的机理分析，设定 BRB 模型初始置信度的规则，主要包含以下方面。

　　① 在 WSN 中，不同类型的故障对数据准确率的影响效果不同。精度下降故障会在真实值和测量值之间产生一个随机误差，可以通过求解均值等手段降低这种故障对数据的影响。固定偏差故障会在真实值和测量值之间产生一个恒定误差值，可以通过与邻居节点的数据对比降低对数据准确性的影响。漂移偏差故障会随着时间的增加在测量值和真实值之间产生一个逐渐增加的误差值，当误差值达到一定程度后，漂移偏差故障就会转换成完全失效故障。漂移偏差故障和完全故障无法通过简单方法对数据进行修复，对网络数据的准确性影响更大。尤其是，完全失效故障一般是由于传感器的硬件故障产生的一种无法修复的故障。基于以上分析和对网络数据的实验，可以设定 BRB 相关规则的置信度。例如，规则 R_7、R_{12}、R_{17}、R_{22} 可以进行以下设定。

$$R_7 \text{ of fault} : \text{If } x_1^1 \text{ is L and } x_2^1 \text{ is L},$$

$$\text{Then } f \text{ is } \left\{(\text{VP},0), (\text{P},0), (\text{M},0), (\text{G},0.8), (\text{VG},0.2)\right\}$$

$$R_{12} \text{ of fault} : \text{If } x_1^1 \text{ is M and } x_2^1 \text{ is L},$$

$$\text{Then } f \text{ is } \left\{(\text{VP},0), (\text{P},0), (\text{M},0.2), (\text{G},0.7), (\text{VG},0.1)\right\}$$

$$R_{17} \text{ of fault} : \text{If } x_1^1 \text{ is H and } x_2^1 \text{ is L},$$

$$\text{Then } f \text{ is } \left\{(\text{VP},0), (\text{P},0), (\text{M},0.9), (\text{G},0.1), (\text{VG},0)\right\}$$

$$R_{22} \text{ of fault} : \text{If } x_1^1 \text{ is VH and } x_2^1 \text{ is L},$$

$$\text{Then } f \text{ is } \left\{(\text{VP},0), (\text{P},0.2), (\text{M},0.7), (\text{G},0.1), (\text{VG},0)\right\}$$

　　② 根据专家经验，当 WSN 的故障率超过 50%时，WSN 数据的准确性将遭到严重的破坏。此时，WSN 数据已经无法被使用，因此对应

的 R_{10}、R_{15}、R_{20}、R_{25} 可以进行以下设定。

R_{10} of fault : If x_1^1 is L and x_2^1 is VH,

Then f is $\{(VP,1),(P,0),(M,0),(G,0),(VG,0)\}$

R_{15} of fault : If x_1^1 is M and x_2^1 is VH,

Then f is $\{(VP,1),(P,0),(M,0),(G,0),(VG,0)\}$

R_{20} of fault : If x_1^1 is H and x_2^1 is VH,

Then f is $\{(VP,1),(P,0),(M,0),(G,0),(VG,0)\}$

R_{25} of fault : If x_1^1 is VH and x_2^1 is VH,

Then f is $\{(VP,1),(P,0),(M,0),(G,0),(VG,0)\}$

5.4.3　无线传感器网络安全评估

WSN 易受到来自外部的网络攻击而产生安全问题。常见的网络攻击类型包括病毒与木马攻击、DoS 攻击、Probing 攻击、U2R 攻击、R2L 攻击。

① 病毒与木马攻击。一种具有破坏 WSN 基本功能、损坏 WSN 获取的数据的程序。

② DoS 攻击。通过大量的占用或消耗 WSN 的资源，导致其他用户无法正常使用 WSN 提供的服务。

③ Probing 攻击。通过对 WSN 的网络进行扫描，从而发现 WSN 中存在的安全隐患。

④ U2R 攻击。利用 WSN 存在的安全漏洞发起攻击，从而非法获取 WSN 的超级用户的权限。

⑤ R2L 攻击。通过远程网络攻击，从而非法获取 WSN 的访问权限。

不同的攻击类型对 WSN 的网络破坏程度不同，同时 WSN 受到攻击的频率不同，也会对 WSN 造成不同程度的威胁，因此选取攻击类型和攻击频率作为 WSN 安全评估的前提属性。如表 5-2 所示，根据专家知识设置不同前提属性取值时，将对安全评估产生不同的影响等级。

表 5-2　安全威胁的参考等级

威胁等级 (TL)	故障类型 (x_1^2)	频率 (x_2^2)
无威胁(NT)	正常	0
低(L)	R2L 攻击	3 次/小时
	Probing 攻击	
中(M)	U2R 攻击	10 次/小时
	病毒和木马攻击	
高(H)	DoS 攻击	20 次/小时

前提属性 x_1^2 和 x_2^2 的参考值点可以描述为

$$A_3 \in \{NT, L, M, H\}$$

$$A_4 \in \{NT, L, M, H\}$$

其中，A_3 表示 x_1^2 的参考值点；A_4 表示 x_2^2 的参考值点。

设 s 表示 WSN 的安全评估结果，与 WSN 的故障评估结果等级相同，s 有 5 个参考值点，可以描述为

$$s \in (D_1, D_2, D_3, D_4, D_5) = (VP, P, M, G, VG)$$

基于以上设定，构建 WSN 安全评估的 BRB 模型，对应的评估规则可以描述为

$$R_k \text{ of security} : \text{If } x_1^2 \text{ is } A_3^k \text{ and } x_2^2 \text{ is } A_4^k,$$
$$\text{Then } s \text{ is } \{(D_1, \beta_{1,k}), \cdots, (D_5, \beta_{5,k})\}$$
$$\text{With a rule weight } \theta_k$$
$$\text{and attribute weight } \delta_3, \delta_4$$

其中，δ_3 和 δ_4 表示属性权重。

基于 BRB 的 WSN 安全评估模型共设定 16 条规则。通过对 WSN 安全问题的机理分析，设置 BRB 模型初始置信度的规则，主要包含以下方面。

① 根据不同攻击类型对 WSN 造成的安全威胁程度，进行不同规则的设定。DoS 攻击对 WSN 的网络破坏程度最强，会导致整个网络彻底瘫痪。U2R 攻击、病毒和木马攻击会对 WSN 的功能和获取的数据产

生影响，但对 WSN 的影响程度要低于 DoS 攻击。R2L 攻击和 Probing 攻击虽然也会对 WSN 的功能产生影响，但是破坏性相对较小。基于以上分析和在不同网络攻击条件下 WSN 的运行状态的实验分析，可以设定 WSN 安全评估的 BRB 模型的相关规则置信度。例如，R_6、R_{10}、R_{14} 可以描述为

$$R_6 \text{ of security}: \text{If } x_1^2 \text{ is L and } x_2^2 \text{ is L,}$$
$$\text{Then } s \text{ is } \{(VP,0),(P,0),(M,0),(G,0.9),(VG,1)\}$$
$$R_{10} \text{ of security}: \text{If } x_1^2 \text{ is M and } x_2^2 \text{ is L,}$$
$$\text{Then } s \text{ is } \{(VP,0),(P,0),(M,0.5),(G,0.5),(VG,0)\}$$
$$R_{14} \text{ of security}: \text{If } x_1^2 \text{ is H and } x_2^2 \text{ is L,}$$
$$\text{Then } s \text{ is } \{(VP,0.1),(P,0.5),(M,0.4),(G,0),(VG,0)\}$$

② 在 WSN 中，当网络攻击频率超过一个阈值后，WSN 的网络运行稳定性将受到严重的影响，同时也说明当前 WSN 存在严重的安全缺陷。此时，WSN 的安全性已经无法得到保障，因此将 WSN 的安全评估结果设置为 VP。R_8、R_{12}、R_{16} 可以描述为

$$R_8 \text{ of security}: \text{If } x_1^2 \text{ is L and } x_2^2 \text{ is H,}$$
$$\text{Then } s \text{ is } \{(VP,1),(P,0),(M,0),(G,0),(VG,0)\}$$
$$R_{12} \text{ of security}: \text{If } x_1^2 \text{ is M and } x_2^2 \text{ is H,}$$
$$\text{Then } s \text{ is } \{(VP,1),(P,0),(M,0),(G,0),(VG,0)\}$$
$$R_{16} \text{ of security}: \text{If } x_1^2 \text{ is H and } x_2^2 \text{ is H,}$$
$$\text{Then } s \text{ is } \{(VP,1),(P,0),(M,0),(G,0),(VG,0)\}$$

5.4.4　无线传感器网络可靠性评估

WSN 的可靠性评估是建立在对 WSN 的安全评估和故障评估基础上的一种综合性评估[122,123]。在分层 BRB 模型中，将 WSN 故障评估结果和安全评估结果作为 WSN 可靠性评估的输入。如表 5-3 所示，根据专家知识设置安全评估结果和故障评估结果时，将对 WSN 可靠性产生不同的影响等级。

表 5-3　可靠性的参考等级

可靠性等级	故障评估 (f)	安全评估 (s)
VP	VP	VP
P	P	P
M	M	M
G	G	G
VG	VG	VG

WSN 可靠性评估的前提属性 f 和 s 分别设定 5 个参考值点，即

$$A_5 \in \{VP, P, M, G, VG\}$$
$$A_6 \in \{VP, P, M, G, VG\}$$

其中，A_5 表示前提属性 f 的参考点集合；A_6 表示前提属性 s 的参考值点集合；y 表示 WSN 的可靠性评估结果，设定 5 个参考值点，可以描述为

$$y = (D_1, D_2, D_3, D_4, D_5) = (VP, P, M, G, VG)$$

基于以上设定，构建 WSN 可靠性评估的 BRB 模型，其中对应的评估规则可以描述为

$$R_k \text{ of reliability} : \text{If } f \text{ is } A_5^k \text{ and } s \text{ is } A_6^k,$$
$$\text{Then } y \text{ is } \left\{ (D_1, \beta_{1,k}), \cdots, (D_5, \beta_{5,k}) \right\}$$
$$\text{With a rule weight } \theta_k$$
$$\text{and attribute weight } \delta_5, \delta_6$$

其中，δ_5 和 δ_6 表示属性权重。

基于 BRB 的 WSN 可靠性评估模型包含 25 条置信规则。根据对 WSN 故障评估和安全评估结果的分析，设置 BRB 模型的初始置信度规则，主要包含以下方面。

① 当 WSN 故障评估和安全评估中有一个评估结果为 VP 时，说明当前 WSN 获取的数据可靠性无法得到保障，或者 WSN 的网络运行可靠性无法得到保障。此时，WSN 的可靠性存在严重问题，因此评估结果被设定为 VP。基于以上分析，规则 R_6、R_{11}、R_{16}、R_{21} 可以描述为

R_6 of reliability : If f is P and s is VP,

　　　　　　Then y is $\{(VP,1),(P,0),(M,0),(G,0),(VG,0)\}$

R_{11} of reliability : If f is M and s is VP,

　　　　　　Then y is $\{(VP,1),(P,0),(M,0),(G,0),(VG,0)\}$

R_{16} of reliability : If f is G and s is VP,

　　　　　　Then y is $\{(VP,1),(P,0),(M,0),(G,0),(VG,0)\}$

R_{21} of reliability : If is VG and s is VP,

　　　　　　Then y is $\{(VP,1),(P,0),(M,0),(G,0),(VG,0)\}$

② WSN 的故障评估结果和安全评估结果具有叠加作用，即当 WSN 的故障状态和安全状态同时变差时，WSN 的稳定性会变得更差，因此 WSN 可靠性评估等级会更低。基于以上分析，规则 R_7、R_{13}、R_{19}、R_{25} 可以描述为

R_7 of reliability : If f is P and s is P,

　　　　　　Then y is $\{(VP,1),(P,0),(M,0),(G,0),(VG,0)\}$

R_{13} of reliability : If f is M and s is M,

　　　　　　Then y is $\{(VP,0),(P,0.6),(M,0.4),(G,0),(VG,0)\}$

R_{19} of reliability : If f is G and s is G,

　　　　　　Then y is $\{(VP,0),(P,0),(M,0.5),(G,0.5),(VG,0)\}$

R_{25} of reliability : If f is VG and s is VG,

　　　　　　Then y is $\{(VP,0),(P,0),(M,0),(G,0),(VG,1)\}$

5.5　基于置信规则库的可靠性评估模型的推理

为 WSN 可靠性评估构建一个分层 BRB 模型。这个 BRB 模型包含 WSN 故障评估模型、WSN 安全评估模型、WSN 可靠性评估模型。WSN 故障评估模型和 WSN 安全评估模型无法使用实验样本进行训练，是一种无训练的 BRB 模型。WSN 可靠性评估模型可以通过实验样本对模型进行训练，是一种可训练的 BRB 模型。这两类不同的 BRB 模型，在推理过程中存在一定的差异[124]。

5.5.1　无训练模型推理

基于无训练的 WSN 故障评估模型和 WSN 安全评估模型的推理，

主要包含以下的过程。

① 输入样本的规则匹配度计算。这个过程可以描述为

$$a_i^k = \begin{cases} \dfrac{A_i^{l+1} - x_i}{A_i^{l+1} - A_i^l}, & k = l\left(A_i^l \leqslant a_i(t) \leqslant A_i^{l+1}\right) \\[3mm] \dfrac{x_i - A_i^l}{A_i^{l+1} - A_i^l}, & k = l+1 \\[3mm] 0, & k = 1, 2, \cdots, K\,(k \neq l, l+1) \end{cases}$$

其中，a_i^k 表示第 k 条置信规则第 i 个前提属性的匹配度；x_i 表示样本第 i 个前提属性的值；A_i^l 和 A_i^{l+1} 表示相邻的第 l 条和第 $l+1$ 条置信规则中，第 i 个前提属性的参考值；K 表示置信规则的数量。

② 利用匹配度和置信规则的权重，计算置信规则的激活权重。这个过程可以描述为

$$w_k = \frac{\theta_k \prod\limits_{i=1}^{M}\left(a_i^k\right)^{\delta_i}}{\sum\limits_{l=1}^{K}\theta_l \prod\limits_{i=1}^{M}\left(a_i^l\right)^{\delta_i}}$$

其中，w_k 表示第 k 条置信规则的激活权重；θ_l 表示第 l 条置信规则的权重；δ_i 表示第 i 个前提属性权重；M 表示前提属性的数量。

③ 利用 ER 迭代合成算法进行规则组合，生成不同输出等级的置信度。

利用置信规则的激活权重，将置信度转换成基本概率质量，即在特定点上的取值概率，可以描述为

$$m_{n,k} = w_k \beta_{n,k}$$

$$m_{D,k} = 1 - w_k \sum_{n=1}^{N} \beta_{n,k}$$

$$\bar{m}_{D,k} = 1 - w_k$$

$$\tilde{m}_{D,k} = w_k\left(1 - \sum_{n=1}^{N} \beta_{n,k}\right)$$

其中，$\beta_{n,k}$ 表示第 k 条置信规则产生 D_n 评估结果的置信度；$m_{n,k}$ 表示第 k 条置信规则产生 D_n 评估结果的概率质量；$m_{D,k}$ 表示第 k 条置信规则中

未设置给评估结果集合 D 的概率质量；$\bar{m}_{D,k}$ 表示第 k 条置信规则的不重要程度；$\tilde{m}_{D,k}$ 表示第 k 条置信规则的不完整程度；N 表示设置的评估结果数量。

令 $m_{n,I(1)} = m_{n,1}$，$m_{D,I(1)} = m_{D,1}$，迭代使用 Dempster 准则，对前 k 条规则进行组合，可以描述为

$$m_{n,I(k+1)} = L_{I(k+1)}\left[m_{n,I(k)}m_{n,k+1} + m_{n,I(k)}m_{D,k+1} + m_{D,I(k)}m_{n,k+1} \right]$$

$$m_{D,I(k)} = \bar{m}_{D,I(k)} + \tilde{m}_{D,I(k)}$$

$$\tilde{m}_{D,I(k+1)} = L_{I(k+1)}\left[\tilde{m}_{D,I(k)}\tilde{m}_{D,k+1} + \tilde{m}_{D,I(k)}\bar{m}_{D,k+1} + \bar{m}_{D,I(k)}\tilde{m}_{D,k+1} \right]$$

$$\bar{m}_{D,I(k+1)} = L_{I(k+1)}\left[\bar{m}_{D,I(k)}\bar{m}_{D,k+1} \right]$$

$$L_{I(k+1)} = \cfrac{1}{1 - \sum\limits_{n=1}^{N}\sum\limits_{\substack{q=1,\\q\neq n}}^{N} m_{n,I(k)}m_{q,k+1}}, \quad k=1,2,\cdots,K$$

其中，$m_{n,I(k+1)}$ 表示用 Dempster 准则对前 k 条规则组合后，相对于评估结果 D_n 的基本概率质量。

计算评价结果的置信度可以描述为

$$\beta_n = \frac{m_{n,I(K)}}{1 - \bar{m}_{D,I(K)}}, \quad n=1,2,\cdots,N$$

其中，β_n 表示第 n 个评估结果 D_n 的置信度。

④ 根据合成的置信度生成故障评估结果和安全评估结果。这个过程可以描述为

$$f = \sum_{n=1}^{N} D_n\beta_n \quad \text{或者} \quad s = \sum_{n=1}^{N} D_n\beta_n$$

5.5.2　有训练模型推理

基于可训练的 WSN 可靠性评估模型的推理，主要包含以下过程。

① 计算输入样本的规则匹配度。

② 计算置信规则的激活权重。

③ 利用 ER 解析合成算法进行规则组合，生成不同输出等级的置信度，具体过程可以描述为

$$\beta_n = \frac{\mu \times \left[\prod_{k=1}^{K} \left(w_k \beta_{n,k} + 1 - w_k \sum_{i=1}^{N} \beta_{i,k} \right) - \prod_{k=1}^{K} \left(1 - w_k \sum_{i=1}^{N} \beta_{i,k} \right) \right]}{1 - \mu \times \left[\prod_{k=1}^{K} (1 - w_k) \right]}$$

$$\mu = \frac{1}{\left[\sum_{n=1}^{N} \prod_{k=1}^{K} \left(w_k \beta_{n,k} + 1 - w_k \sum_{i=1}^{N} \beta_{i,k} \right) - (N-1) \prod_{k=1}^{K} \left(1 - w_k \sum_{i=1}^{N} \beta_{i,k} \right) \right]}$$

④ 根据不同输出结果的置信度，生成最终 WSN 可靠性评估结果，可以描述为

$$y_{\text{actual}} = \sum_{n=1}^{N} D_n \beta_n$$

5.6　基于置信规则库的可靠性评估模型的参数优化

通过专家知识设定分层 BRB 模型的初始参数值，由于专家知识的限制，这些初始参数并不是最优参数结果，此时可以利用带标签的数据集对 BRB 模型进行训练，获取最优的模型参数值。BRB 优化问题可以认为是一种全局优化问题。基于 MSE 的目标函数可以描述为

$$\text{MSE}\left(\beta_{n,k}, \theta_k, \delta_m \right) = \frac{1}{\text{NUM}} \sum_{i=1}^{\text{NUM}} \left(y_{\text{actual}} - y_{\text{expected}} \right)^2$$

其中，$\beta_{n,k}$ 表示第 k 规则的评估结果 D_n 的置信度；θ_k 表示第 k 规则的规则权重；δ_m 表示第 m 个前提属性的权重；NUM 表示训练数据集的数量；y_{expected} 表示模型的期望输出结果。

因此，对于 BRB 模型的参数优化问题，可以描述为

$$\min \text{MSE}\left(\beta_{n,k}, \theta_k, \delta_m \right)$$

s.t.

$$\sum_{n=1}^{N} \beta_{n,k} = 1$$

$$0 \leqslant \beta_{n,k} \leqslant 1, \quad k = 1,2,\cdots,K, n = 1,2,\cdots,N$$

$$0 \leqslant \theta_k \leqslant 1, \quad k = 1,2,\cdots,K$$

$$0 \leqslant \delta_m \leqslant 1, \quad m = 1,2,\cdots,M$$

其中，N 表示 BRB 中设置的评估结果数量；K 表示规则的数量；M 表

示前提属性的数量。

利用带约束的全局优化算法对 BRB 模型的参数进行优化。对 BRB 模型优化时，选取基于投影的 CMA-ES 算法。实验证明，该算法能够有效地实现 BRB 模型的参数优化。如图 5-3 所示为 BRB 模型参数优化流程图。

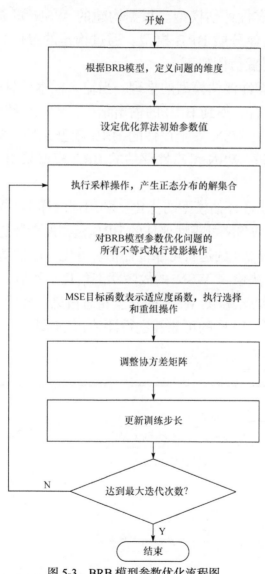

图 5-3　BRB 模型参数优化流程图

5.7　基于置信规则库的可靠性评估实现过程

根据设计的 WSN 可靠性评估框架，构建分层 BRB 模型，并对模型进行推理和优化。如图 5-4 所示为具体的实现过程。

① 构建可靠性评估模型。根据构建的 WSN 可靠性评估体系，利用专家知识构建分层 BRB 模型。通过构建的置信规则，将定性和定量信息统一到置信框架下。

② 实现可靠性评估模型的推理。当输入样本信息时，利用 ER 算法对规则进行组合，得到 BRB 的输出结果。对无训练的 WSN 故障评估的 BRB 模型和 WSN 安全评估的 BRB 模型采用 ER 迭代算法进行推理，对可训练的 WSN 可靠性评估的 BRB 模型采用 ER 解析算法进行推理。

③ 实现可靠性评估模型的优化。利用训练样本，采用基于投影的 CMA-ES 算法对 WSN 可靠性评估的 BRB 模型的参数进行优化。

④ 实现对 WSN 的运行可靠性评估。首先，通过基于分层 BRB 的节点故障诊断方法检测 WSN 的故障状态信息。然后，通过基于 CNN 的网络入侵检测方法检测 WSN 的安全状态信息。最后，利用训练后的分层 BRB 模型对 WSN 的可靠性进行评估，从而计算当前 WSN 的运行可靠性评估等级。

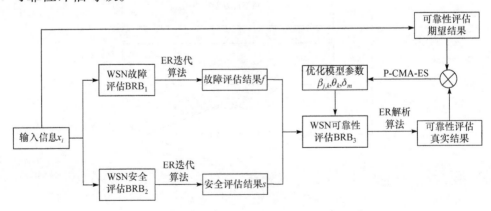

图 5-4　基于分层 BRB 的 WSN 可靠性评估的实现过程

基于分层 BRB 的 WSN 可靠性评估模型具有良好的可扩展性和适应性。我们可以根据不同的应用调整评估内容和基本结构，并根据具体应用的需求调整前提属性和评估指标的权重。

5.8 仿 真 实 验

为了验证基于分层 BRB 的 WSN 可靠性评估方法的有效性，我们设计了相关的仿真实验。WSN 是以数据为中心的网络，保障 WSN 的关键任务就是保障 WSN 数据的可靠性，因此选取采集数据的丢包率和准确率作为实际可靠性值的观测因子。在仿真实验中，采用 60s WSN 可靠性评估标准，如表 5-4 所示。通过不同状态下真实结果和输出结果的比较，可以定义不同样本的可靠性等级。实验定义了 60s 包含 40 条实验样本的数据集，如表 5-5 所示。

表 5-4   60s WSN 的可靠评估标准

准确率/%	丢包率/%	可靠性等级
≥95	≤10	VG
≥95	≤50, >10	G
≥95	>50	VP
<95, ≥80	≤10	G
<95, ≥80	≤50, >10	M
<95, ≥80	>50	VP
<80, ≥50	≤10	M
<80, ≥50	≤50, >10	P
<80, ≥50	>50	VP
<50	≤10	VP
<50	≤50, >10	VP
<50	>50	VP

表 5-5　实验数据集

序号	故障类型	故障率	攻击类型	攻击频率	评估结果
1	正常	0	Normal	0	VG
2	正常	0	R2L	2	VG
3	固定偏差故障	0.1	Normal	0	G
4	固定偏差故障	0.08	Probing	0.4	G
5	正常	0	U2R	2	G
6	漂移偏差故障	0.005	Virus and Trojan	0.3	VG
7	正常	0	DoS	3	M
8	精度下降故障	0.2	Normal	0	M
9	完全失效故障	0.15	R2L	2	M
10	漂移偏差故障	0.1	Probing	0.3	M
11	固定偏差故障	0.07	U2R	5	M
12	精度下降故障	0.15	R2L	0.2	G
13	正常	0	Virus and Trojan	8	M
14	精度下降故障	0.35	U2R	5	P
15	精度下降故障	0.1	Virus and Trojan	2	M
16	漂移偏差故障	0.1	Probing	15	P
17	完全失效故障	0.1	R2L	19	VP
18	固定偏差故障	0.37	Normal	0	M
19	正常	0	DoS	12	VP
20	精度下降故障	0.2	U2R	10	P
21	固定偏差故障	0.3	Virus and Trojan	8	P
22	漂移偏差故障	0.25	Probing	15	VP
23	完全失效故障	0.35	R2L	8	VP
24	漂移偏差故障	0.37	Normal	0	M
25	正常	0	DoS	18	VP
26	完全失效故障	0.48	Normal	0	VP
27	漂移偏差故障	0.4	U2R	10	VP
28	固定偏差故障	0.3	Virus and Trojan	19	VP
29	完全失效故障	0.45	Probing	11	VP
30	精度下降故障	0.2	DoS	12	VP
31	正常	0	Probing	1	VG
32	正常	0	U2R	19	VP
33	固定偏差故障	0.01	Normal	0	VG
34	固定偏差故障	0.07	Virus and Trojan	2	M

续表

序号	故障类型	故障率	攻击类型	攻击频率	评估结果
35	正常	0	Virus and Trojan	0.1	VG
36	完全失效故障	0.47	Probing	10	VP
37	漂移偏差故障	0.01	Normal	0	VG
38	正常	0	Virus and Trojan	2	G
39	正常	0	R2L	0.2	VG
40	正常	0	U2R	8	M

5.8.1　实验设计

5.2 节对 WSN 可靠性评估问题进行了定义。5.3 节构建了 WSN 可靠性评估的分层 BRB 模型，包含 3 个 BRB 模型，因此实验主要包含以下步骤。

① 设定实验的数据集。定义 X_1 为 WSN 故障评估的输入，定义 X_2 为 WSN 安全评估的输入。

② 构建分层 BRB 模型。首先，设定分层 BRB 模型的不同前提属性。然后，根据专家知识，设定前提属性的参考点和对应的参考值，并定义模型的不同输出结果。最后，构建分层 BRB 的置信规则，完成 $(\text{BRB}_1(\cdot), \eta_1)$、$(\text{BRB}_2(\cdot), \eta_2)$、$(\text{BRB}_3(\cdot), \eta_3)$ 的构建。

③ 利用实验样本对模型进行训练，并针对实验样本生成对应的评估结果 y，对评估结果进行分析，并与当前流行的不同可靠性评估方法进行对比分析，验证基于分层 BRB 可靠性评估方法的科学性和有效性。

5.8.2　基于分层置信规则库的可靠性评估模型实现

在 WSN 故障评估的 BRB 模型中，选取故障类型 x_1^1 和故障率 x_2^1 作为前提属性，如表 5-6 和表 5-7 所示为根据专家经验，分别定义不同前提属性的参考点和参考值。

表 5-6　x_1^1 的参考点和参考值

参考点	NF	L	M	H	VH
参考值	0	2	4	6	8.1

表 5-7　x_2^1 的参考点和参考值

参考点	NF	L	M	H	VH
参考值	0	0.05	0.2	0.35	0.5

如表 5-8 所示为故障评估结果 f 的参考点和参考值。

表 5-8　f 的参考点和参考值

参考点	VP	P	M	G	VG
参考值	0	2	4	6	8

如表 5-9 所示为 WSN 故障评估模型 25 条置信规则对应的初始置信度。

表 5-9　WSN 故障评估模型 25 条置信规则对应的初始置信度

序号	规则权重	前提属性		置信度
		x_1^1	x_2^1	$\{D_1, D_2, D_3, D_4, D_5\}$
1	1	NF	NF	{0,0,0,0,1}
2	1	NF	L	{0,0,0,0,1}
3	1	NF	M	{0,0,0,0,1}
4	1	NF	H	{0,0,0,0,1}
5	1	NF	VH	{0,0,0,0,1}
6	1	L	NF	{0,0,0,0,1}
7	1	L	L	{0,0,0,0.8,0.2}
8	1	L	M	{0,0.2,0.8,0,0}
9	1	L	H	{0,0.7,0.3,0,0}
10	1	L	VH	{1,0,0,0,0}
11	1	M	NF	{0,0,0,0,1}
12	1	M	L	{0,0,0.2,0.7,0.1}
13	1	M	M	{0,0.3,0.7,0,0}

续表

序号	规则权重	前提属性		置信度
		x_1^1	x_2^1	$\{D_1,D_2,D_3,D_4,D_5\}$
14	1	M	H	{0.1,0.7,0.2,0,0}
15	1	M	VH	{1,0,0,0,0}
16	1	H	NF	{0,0,0,0,1}
17	1	H	L	{0,0,0.9,0.1,0}
18	1	H	M	{0,0.5,0.5,0,0}
19	1	H	H	{0.2,0.8,0,0,0}
20	1	H	VH	{1,0,0,0,0}
21	1	VH	NF	{0,0,0,0,1}
22	1	VH	L	{0,0.2,0.7,0.1,0}
23	1	VH	M	{0.2,0.7,0.1,0,0}
24	1	VH	H	{0.6,0.4,0,0,0}
25	1	VH	VH	{1,0,0,0,0}

在 WSN 安全评估的 BRB 模型中，选取攻击类型 x_1^2 和攻击频率 x_2^2 作为前提属性。如表 5-10 和表 5-11 所示为根据专家经验，分别设定不同前提属性的参考点和参考值。

表 5-10　x_1^2 的参考点和参考值

参考点	NT	L	M	H
参考值	0	2	4	8.1

表 5-11　x_2^2 的参考点和参考值

参考点	NT	L	M	H
参考值	0	3	10	20

如表 5-12 所示为 WSN 安全评估结果 s 的参考点和参考值。

表 5-12　s 的参考点和参考值

参考点	VP	P	M	G	VG
参考值	0	2	4	6	8

如表 5-13 所示为 WSN 安全评估模型 16 条置信规则对应的初始置信度。

表 5-13　WSN 安全评估模型 16 条置信规则对应的初始置信度

序号	规则权重	前提属性		置信度
		x_1^2	x_2^2	$\{D_1, D_2, D_3, D_4, D_5\}$
1	1	NT	NT	$\{0,0,0,0,1\}$
2	1	NT	L	$\{0,0,0,0,1\}$
3	1	NT	M	$\{0,0,0,0,1\}$
4	1	NT	H	$\{0,0,0,0,1\}$
5	1	L	NT	$\{0,0,0,0,1\}$
6	1	L	L	$\{0,0,0,0.9,0.1\}$
7	1	L	M	$\{0,0,0.9,0.1,0\}$
8	1	L	H	$\{1,0,0,0,0\}$
9	1	M	NT	$\{0,0,0,0,1\}$
10	1	M	L	$\{0,0,0.5,0.5,0\}$
11	1	M	M	$\{0,0.2,0.8,0,0\}$
12	1	M	H	$\{1,0,0,0,0\}$
13	1	H	NT	$\{0,0,0,0,1\}$
14	1	H	L	$\{0.1,0.5,0.4,0,0\}$
15	1	H	M	$\{1,0,0,0,0\}$
16	1	H	H	$\{1,0,0,0,0\}$

在对 WSN 的运行可靠性进行评估时，是分别对 WSN 的内部因素和外部因素进行评估，从而实现对 WSN 的可靠性评估。对于 WSN 的内部因素评估主要针对 WSN 的故障评估，对于 WSN 的外部因素评估主要针对 WSN 的安全评估，即通过对 WSN 的故障评估结果和 WSN 的安全评估结果进行分析实现对 WSN 的可靠性评估。因此，在 WSN 可靠性评估的 BRB 模型中，将 WSN 的故障评估结果 f 和 WSN 的安全评估结果 s 作为前提属性。如表 5-14 和表 5-15 所示为根据专家经验分别设定不同前提属性对应的参考点和参考值。

表 5-14　ƒ 的参考点和参考值

参考点	VP	P	M	G	VG
参考值	0	2	4	6	8.1

表 5-15　s 的参考点和参考值

参考点	VP	P	M	G	VG
参考值	0	2	4	6	8.1

如表 5-16 所示为可靠性评估结果 y 的参考点和参考值。

表 5-16　y 的参考点和参考值

参考点	VP	P	M	G	VG
参考值	0	2	4	6	8

如表 5-17 所示为 WSN 可靠性评估模型 25 条置信规则的初始置信度。

表 5-17　WSN 可靠性评估模型 25 条置信规则的初始置信度

序号	规则权重	前提属性		置信度
		f	s	$\{D_1, D_2, D_3, D_4, D_5\}$
1	1	VP	VP	{1,0,0,0,0}
2	1	VP	P	{1,0,0,0,0}
3	1	VP	M	{1,0,0,0,0}
4	1	VP	G	{1,0,0,0,0}
5	1	VP	VG	{1,0,0,0,0}
6	1	P	VP	{1,0,0,0,0}
7	1	P	P	{1,0,0,0,0}
8	1	P	M	{0.2,0.6,0.2,0,0}
9	1	P	G	{0.1,0.3,0.6,0,0}
10	1	P	VG	{0,0.2,0.8,0,0}
11	1	M	VP	{1,0,0,0,0}
12	1	M	P	{0.2,0.6,0.2,0,0}
13	1	M	M	{0,0.6,0.4,0,0}
14	1	M	G	{0,0.2,0.8,0,0}
15	1	M	VG	{0,0,0.5,0.5,0}
16	1	G	VP	{1,0,0,0,0}
17	1	G	P	{0.1,0.3,0.6,0,0}

续表

| 序号 | 规则权重 | 前提属性 | | 置信度 |
		f	s	$\{D_1,D_2,D_3,D_4,D_5\}$
18	1	G	M	{0,0.2,0.8,0,0}
19	1	G	G	{0,0,0.5,0.5,0}
20	1	G	VG	{0,0,0,0.4,0.6}
21	1	VG	VP	{1,0,0,0,0}
22	1	VG	P	{0,0.2,0.8,0,0}
23	1	VG	M	{0,0,0.5,0.5,0}
24	1	VG	G	{0,0,0,0.4,0.6}
25	1	VG	VG	{0,0,0,0,1}

通过以上过程，可以构建分层 BRB 模型，其中包含多个不同功能的 BRB。它们可以分别实现对 WSN 的故障评估、安全评估、可靠性评估。这些 BRB 模型的初始模型参数由专家进行设定，并可以根据训练数据对模型参数进一步优化。

5.8.3 实验结果分析

通过实验数据集，对分层 BRB 模型进行训练，并验证模型在可靠性评估中的有效性。通过对实验样本分析可以发现，这些样本包含故障状态信息、安全状态信息和可靠性评估结果。由于样本并不包含对故障评估和安全评估的评估结果标签，因此无法使用实验样本对这两个 BRB 模型进行训练。可靠性评估包含评估结果标签，因此可以通过实验样本对可靠性评估模型进行训练。在验证不同方法可靠性评估有效性时，采用多轮实验计算平均准确率的方式，可以描述为

$$\text{Average accuracy} = \frac{1}{R}\sum_{r=1}^{R}\frac{\text{TS}_r}{\text{ALL}}$$

其中，R 表示实验的次数；TS_r 表示第 r 轮实验正确评估的样本数量；ALL 表示样本的总数。

1. 实验结果

在分层 BRB 模型中，利用 WSN 的故障评估结果和 WSN 的安全评

估结果进行 WSN 的可靠性评估，因此首先要实现 WSN 的故障评估和 WSN 的安全评估。如图 5-5 所示为样本对于无训练的 WSN 的故障评估结果。如图 5-6 所示为样本对于无训练的 WSN 的安全评估结果。

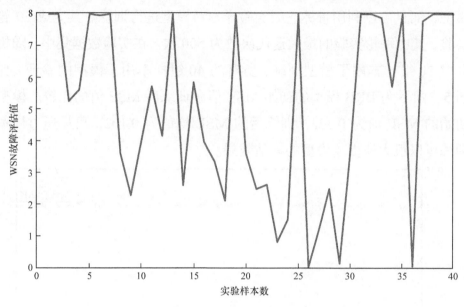

图 5-5　WSN 故障评估结果

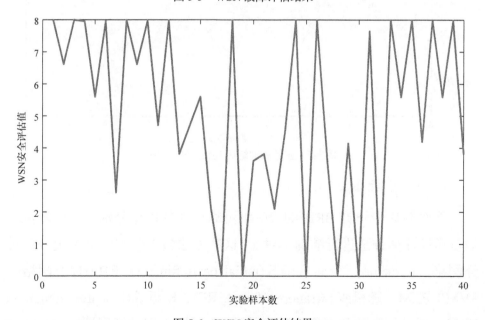

图 5-6　WSN 安全评估结果

下面将 WSN 的故障评估结果和 WSN 的安全评估结果作为 WSN 可靠性评估的前提属性。在实验数据集中，定义了 WSN 可靠性评估结果标签，因此在实现 WSN 可靠性评估时，不但可以通过专家知识构建模型，而且可以利用带标签的实验样本对模型进行训练。共完成 20 轮实验，其中每轮实验的最大迭代次数为 500 次。在实验数据集中，随机选取 20 组样本用于模型训练，所有的 40 组样本用于模型的验证。如图 5-7 所示为 BRB 模型的初始 MSE 值和训练后 MSE 值的比较。模型初始的 MSE 值为 0.302，训练后的 MSE 均值为 0.102，可见通过样本训练可以很大地提高模型的评估效果。

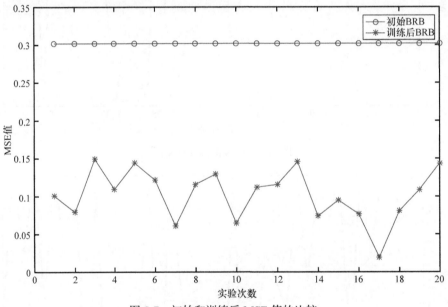

图 5-7　初始和训练后 MSE 值的比较

2. 对比分析

下面将基于分层 BRB 的 WSN 可靠性评估模型分别与当前较流行的可靠性评估方法进行准确率对比。这些方法包含模糊专家系统、BP 神经网络、K-means、径向基函数(radial basis function, RBF)神经网络、SVM、ELM、随机森林(random forest, RF)、K 近邻(k-nearest neighbor, KNN)。通过从实验数据集中随机抽取 20 组样本用于模型训练，所有 40

组样本用于模型准确率测试，共完成 20 轮实验。如表 5-18 所示为不同评估方法的平均准确率，其中分层 BRB 方法的平均准确率达到 96.25%，远高于其他评估方法的平均准确率，超过其他评估方法的平均准确率 19% 以上。如图 5-8 所示为 20 轮实验中，不同可靠性评估方法的评估准确率对比图。由此可见，分层 BRB 模型适用于 WSN 的可靠性评估，且具有优秀的评估准确率。

表 5-18　不同评估方法的平均准确率

可靠性评估方法	20 轮实验平均准确率 /%
分层 BRB	96.25
模糊专家系统	64.875
BP 神经网络	68.25
K-means	54.375
RBF 神经网络	70
SVM	74.625
ELM	72
RF	77.25
KNN	75.75

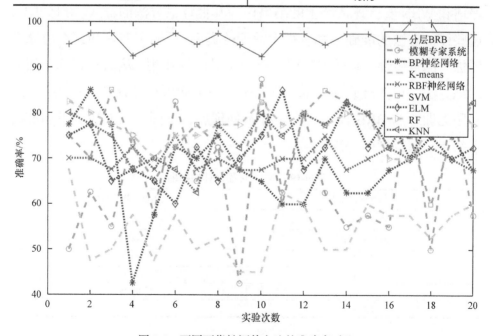

图 5-8　不同可靠性评估方法的准确率对比

通过以上实验发现，其他方法的评估准确率都很不理想。进一步分析可以发现，影响这些评估方法准确率的原因体现在以下方面。

① 在小样本环境下，尤其是训练样本不健全时，基于数据驱动的方法在可靠性评估时，无法获取理想的评估效果。

② 由于 WSN 的工作环境复杂，专家也很难准确设置定性知识的规则，因此基于定性知识的方法无法取得的理想的评估效果。

③ 当样本中同时包含定性知识和定量信息时，大部分评估方法都无法取得较好的评估效果。

BRB 模型能够有效地利用各种不同类型的信息，处理各种不确定因素。因此，基于分层 BRB 的 WSN 可靠性评估方法可以有效地克服以上问题，实现较为理想的 WSN 可靠性评估。通过进一步实验可以发现，无训练的故障评估模型与安全评估模型，不仅对可靠性评估模型的评估结果起到至关重要的作用，同时也可以提高其他需要训练评估方法的评估准确率。如表 5-19 所示，在 10 轮实验中，将样本在 WSN 故障评估和 WSN 安全评估产生的结果作为其他评估方法的输入。由此可见，这些评估方法的准确率都有很大程度的提高，证明了专家知识在可靠性评估中的重要性，对样本数据能够产生导向性作用，从而提高基于数据训练方法的评估准确性。如图 5-9 所示为不同可靠性评估方法的结果。利用无训练的 BRB 模型对实验样本处理后，不同评估方法的平均准确率都有不同程度的提高。

表 5-19　WSN 可靠性评估结果

可靠性评估方法	10 轮实验平均准确率 /%
BP 神经网络	81.25
RBF 神经网络	84.75
SVM	86.25
ELM	82.5
RF	83.25
KNN	90

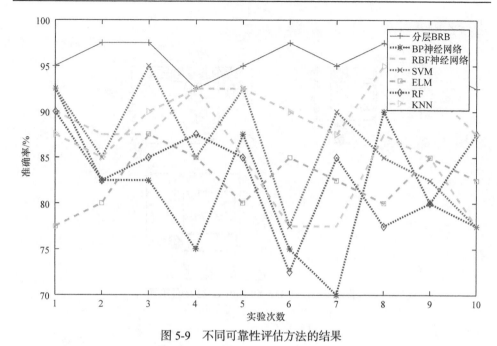

图 5-9　不同可靠性评估方法的结果

5.9　实际案例分析

为了验证 WSN 可靠性评估方法在真实应用中的适用性，选取一个真实的工程案例，将提出的方法用于工程的可靠性评估，从而验证该方法在真实工程中的适用性和有效性。

5.9.1　实验设计

以油井井口防喷控制系统为研究案例，系统通过 WSN 对各油井井口的压力进行监控，并且预警可能出现的意外情况。在该系统中，WSN的运行可靠性直接关系到系统的有效性。如果 WSN 出现问题，会对油井的正常生产产生影响，甚至造成人员伤亡和重大财产的损失。因此，需要对 WSN 的运行可靠性进行评估，从而保障整个井口防喷控制系统的正常运转。如图 5-10 所示为选择的防爆无线压力传感器的外形图，型号为 TSP-DWX0150EX-433，主要负责采集油田井口的压力信息。如图 5-11 所示为选择的无线数据采集器的外形图，型号为 TS-WCJ433-DL，主要负责接收不同压力传感器的数据。在油田井口部署多个压力传感器，可以实现 WSN 的构建，再由井口防喷控制系统对采集的数据进行监测。

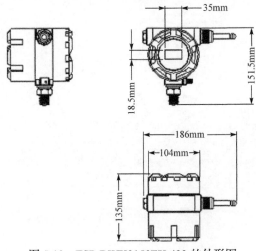

图 5-10   TSP-DWX0150EX-433 的外形图

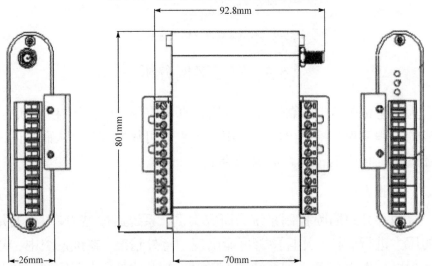

图 5-11   TS-WCJ433-DL 的外形图

如表 5-20 所示为传感器的关键指标。

表 5-20   传感器的关键指标表

参数	技术指标
测压范围	0~150MPa
测压精度	<0.5%
数据采集周期	2s

续表

参数	技术指标
工作频率	433MHz
输出功率	>0dBm,<10dBm(1W=30dBm)
电池寿命	>3a
设备寿命	>10a
通信距离	>100m
工作温度	−40～85℃
存储温度	−40～125℃
湿度	≤97%
防护等级	IP65
防爆等级	ExdIIBT4

当 WSN 正常工作时，采集不同传感器的压力数据。在实验过程中，对传感器的数据和行为进行调整，以模拟不同类型的攻击和故障。如表 5-21 所示为 WSN 故障和攻击的模拟方法。

表 5-21　WSN 故障和攻击的模拟方法

攻击类型和故障类型	模拟方法
固定偏差故障	对某些传感器增加一个恒定的偏差值
漂移偏差故障	对某些传感器增加一个随着时间变化而逐渐增加的偏差值
病毒攻击	使某些传感器向数据采集节点周期性的发送无意义的数据
DoS 攻击	使某些传感器不断向其他节点发送广播数据，达到消耗节点资源和通信带宽的目的

利用故障诊断方法和入侵检测方法获取评估样本，结果的可靠性评估标准如表 5-22 所示。如表 5-23 所示为 30s 实验产生的 30 组实验样本数据的分布情况。

表 5-22　可靠性评估标准

准确率/%	丢包率/%	可靠性等级
⩾97	⩽10	VG
⩾97	⩽30, >10	G
⩾97	⩽50, >30	M
⩾97	>50	VP
<97, ⩾90	⩽10	G
<97, ⩾90	⩽30, >10	M
<97, ⩾90	⩽50, >30	M
<97, ⩾90	>50	VP
<90, ⩾70	⩽10	M
<90, ⩾70	⩽30, >10	P
<90, ⩾70	⩽50, >30	P
<90, ⩾70	>50	VP
<70	⩽10	VP
<70	⩽30, >10	VP
<70	⩽50, >30	VP
<70	>50	VP

表 5-23　实验样本数据的分布

类型	正常	固定偏差故障	漂移偏差故障	病毒攻击	DoS 攻击
正常	6	3	3	3	3
固定偏差故障	0	0	0	3	3
漂移偏差故障	0	0	0	3	3
病毒攻击	0	0	0	0	0
DoS 攻击	0	0	0	0	0

5.9.2　实验结果分析

如图 5-12 所示为实际值和分层 BRB 对实验样本的可靠性评估结果。如图 5-13 所示为实际值和其他评估方法的结果对比。实验结果发现，实际值和分层 BRB 的评估结果基本拟合，远好于其他评估方法的拟合效果。由此可见，基于分层 BRB 的可靠性评估方法能够有效地应用于实际工程中。

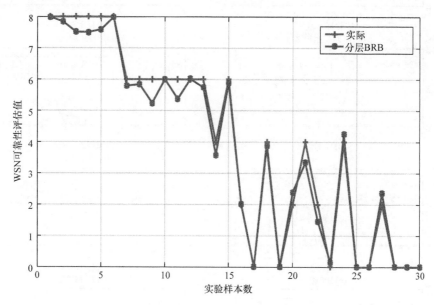

图 5-12　实际值和分层 BRB 对实验样本的可靠性评估结果

通过以上仿真实验验证和真实案例分析，设计的基于分层 BRB 的 WSN 可靠性评估方法的优势主要体现在以下方面。

① 基于分层 BRB 的可靠性评估方法能够有效地应用于小样本环境，且能够取得优秀的评估准确率。

② 基于分层 BRB 的可靠性评估方法能够有效地应用评估指标中包含的定量信息和定性信息，克服定性知识评估法和数据驱动评估法存在的缺陷。

③ 基于分层 BRB 的可靠性评估方法，其结构易于扩展，根据不同的应用场景，可以灵活地增加和删除评估指标，具有良好的适应性。

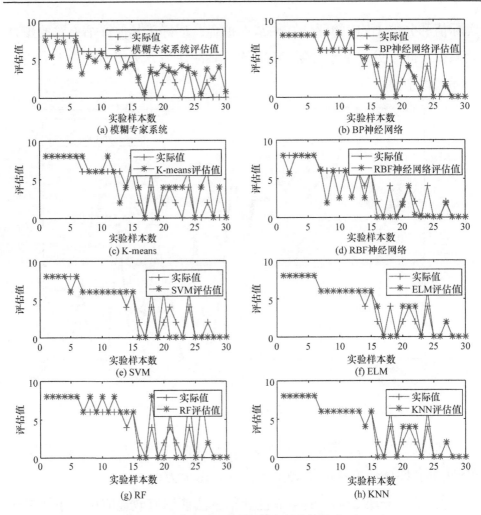

图 5-13　实际值和其他评估方法的结果对比

5.10　本 章 小 结

　　本章设计了一种基于分层 BRB 的可靠性评估方法。通过 WSN 的故障评估结果和安全评估可以实现 WSN 的可靠性评估。通过专家知识构建分层 BRB 模型，根据实验数据对模型参数进行优化。通过仿真实验和真实案例验证了该方法在可靠性评估中的有效性。该方法能够有效利用定性知识和定量数据，具有处理各种不确定性信息的能力，因此在实际工程中具有很好的应用前景。

第6章 总结与展望

本书以 WSN 的可靠性评估为研究背景，在对 BRB 模型和 CNN 模型理论研究的基础上，通过对影响 WSN 运行可靠性的主要因素进行分析，构建评估指标和评估框架，利用故障诊断方法和入侵检测方法实现对影响因素的关键指标状态进行检测，最终利用分层评估模型实现对 WSN 的可靠性评估，从而系统、完整地构建 WSN 的可靠性评估系统。本书的工作主要包含以下部分。

① 在对 WSN 的运行可靠性评估问题研究时，通过对 WSN 运行可靠性特征和可靠性影响因素的分析，构建与之适应的评估指标体系和评估框架，并构建基于 WSN 故障评估和安全评估的可靠性分层评估模型。

② 在对 WSN 的故障诊断问题研究时，通过对传感器的时间相关性、空间相关性、属性相关性进行分析，利用 BRB 构建 WSN 的节点故障诊断模型。该模型能有效解决传感器节点存在的模糊不确定和概率不确定问题。实验证明，该方法能够有效用于 WSN 节点的故障诊断，检测准确率达 96.72%。

③ 在对 WSN 的入侵检测问题研究时，通过对 WSN 自身特征和网络连接数据的分析，利用 CNN 构建 WSN 的网络入侵检测模型。该模型能够有效解决 WSN 连接数据的高维度和海量性问题。实验证明，该方法能够有效用于 WSN 的网络入侵检测，当模型训练充足时，检测准确率超过 98%。

④ 在对 WSN 的可靠性评估问题研究时，通过对故障状态和安全状态信息的分析，利用 BRB 构建 WSN 的可靠性评估模型。该模型能够有效利用可靠性评估数据存在的定性信息和定量信息，解决小样本环

境下的模型训练问题。仿真实验和真实案例证明，该方法能够有效地用于 WSN 的可靠性评估，评估准确率达 96.25%。

WSN 是一种分布式传感网络,其自身的显著特征,导致其与传统网络存在明显的差异。因此，在对其进行研究时，需要选取合理的研究方法。本书的创新点，主要体现在以下三个方面。

① 提出一种基于分层 BRB 模型的节点故障诊断方法。实验结果表明，该方法可有效用于 WSN 的节点故障诊断。

② 提出一种基于 CNN 模型的网络入侵检测方法。实验结果表明，该方法可有效对 WSN 的入侵行为进行检测。

③ 提出一种基于分层 BRB 模型的可靠性评估方法。实验结果表明，该方法可实现 WSN 的可靠性评估。

综上所述，本书主要采用 BRB 和 CNN 解决 WSN 的可靠性评估中存在的问题。这是通过长期的理论探索和实践验证获得的，无论是在理论上，还是实际应用中，都具有一定的创新性和先进性。在今后工作中，需要重点考虑以下两个方面。

① 探索 BRB 模型结构的优化，解决 BRB 自身存在的不足，如过多前提属性时，产生的规则爆炸问题。

② 探索 BRB 与 DL 技术融合，解决 DL 技术存在的对训练样本依赖的问题，同时对可解释 DL 进行研究。

参 考 文 献

[1] Kapoor N, Bhatia N, Kumar S, et al. Wireless sensor networks: a profound technology[J]. International Journal on Computer Science and Technology, 2011, 2(2): 211-215.

[2] 钱志鸿, 王义君. 面向物联网的无线传感器网络综述[J]. 电子与信息学报, 2013, 35(1): 215-227.

[3] Vijay G, Bdira E B A, Ibnkahla M. Cognition in wireless sensor networks: a perspective[J]. IEEE Sensors Journal, 2011, 11(3): 582-592.

[4] Wategaonkar D N, Deshpande V S. Characterization of reliability in WSN[C]//Information and Communication Technologies, 2013: 970-975.

[5] Deif D, Gadallah Y. A comprehensive wireless sensor network reliability metric for critical Internet of things applications[J]. Eurasip Journal on Wireless Communications and Networking, 2017, (1): 145.

[6] Wang C N, Xing L D, Zonouz A E, et al. Communication reliability analysis of wireless sensor networks using phased-mission model[J]. Quality and Reliability Engineering International, 2017, 33(4): 823-837.

[7] 胡连亚, 李剑, 周海鹰, 等. 无线传感器网络可靠性技术分析[J]. 计算机科学, 2014, 41(6A): 247-251.

[8] Maktedar M P P, Deshpande A V S, Helonde J B, et al. Performance analysis of reliability in wireless sensor network[J]. International Journal of Innovative Technology and Exploring Engineering, 2013, 2(4): 299-302.

[9] 万芷君, 董荣胜. 多态无线传感器网络可靠性分析[J]. 桂林电子科技大学学报, 2014, 34(5): 417-422.

[10] 马丽瑛, 李剑波, 王智颖, 等. 基于无线传感器网络的可靠性模型及上界[J]. 数学的实践与认识, 2016, 46(12): 130-138.

[11] Yang J, Yang J, Zhao M, et al. Wireless sensor network reliability modelling based on masked data[J]. International Journal of Sensor Networks, 2015, 17 (4): 217-223.

[12] Juhasova B, Halenar I, Juhas M. The reliability of wireless sensor network[J]. World Academy of Science, Engineering and Technology, 2014, 8(6): 941-943.

[13] Wategaonkar D N, Nandhini R. A survey on reliability in wireless sensor network[J]. Indian Journal of Science and Technology, 2016, 9(37): 1-6.

[14] Song Y C, Liu D T, Yang C, et al. Data-driven hybrid remaining useful life estimation approach for spacecraft lithium-ion battery[J]. Microelectronics Reliability, 2017, 75: 142-153.

[15] Distefano S. Evaluating reliability of WSN with sleep/wake-up interfering nodes[J]. International Journal of Systems Science, 2013, 44(10): 1793-1806.

[16] Chowdhury C, Aslam N, Ahmed G, et al. Novel algorithms for reliability evaluation of remotely deployed wireless sensor networks[J]. Wireless Personal Communications, 2017, (11): 1-30.

[17] Bahi J M, Guyeux C, Hakemm M. Epidemiological approach for data survivability in unattended wireless sensor networks[J]. Journal of Network and Computer Applications, 2014, 46(C): 374-383.

[18] Feng H L, Dong J Y. Reliability analysis for WSN based on a modular k-out-of-n system[J]. Journal of Systems Engineering and Electronics, 2017, 28(2): 407-412.

[19] Kabashkin I, Kundler J. Reliability of sensor nodes in wireless sensor networks of cyber physical systems[J]. Procedia Computer Science, 2017, 104: 380-384.

[20] 李建平, 王晓凯. 基于可能性分布的无线传感器网络可靠性分析[J]. 测试技术学报, 2017, 31(3): 271-276.

[21] 朱晓娟, 陆阳, 邱述威, 等. 无线传感器网络数据传输可靠性研究综述[J]. 计算机科学, 2013, 40(9): 1-7.

[22] Shen S G, Huang L J, Liu J H, et al. Reliability evaluation for clustered WSNs under malware propagation[J]. Sensors, 2016, 16(6): 855.

[23] Zonouz A E, Xing L, Vokkarane V M, et al. Reliability-oriented single-path routing protocols in wireless sensor networks[J]. IEEE Sensors Journal, 2014, 14(11): 4059-4068.

[24] Cai J, Song X, Wang J, et al. Reliability analysis for a data flow in event-driven wireless sensor networks[J]. Wireless Personal Communications, 2014, 78(1): 151-169.

[25] Xu L, Zhang J, Tsai P W, et al. Uncertain random spectra: a new metric for assessing the survivability of mobile wireless sensor networks[J]. Soft Computing, 2017, 21: 2619-2629.

[26] Yan Z, Nie C, Dong R, et al. A novel obdd-based reliability evaluation algorithm for wireless sensor networks on the multicast model[J]. Mathematical Problems in Engineering, 2015, (3): 1-14.

[27] Zhu X, Lu Y, Han J, et al. Transmission reliability evaluation for wireless sensor networks[J]. International Journal of Distributed Sensor Networks, 2016, (2): 1-10.

[28] Ahmed A A, Ali W. A lightweight reliability mechanism proposed for datagram congestion control protocol over wireless multimedia sensor networks[J]. Transactions on Emerging Telecommunications Technologies, 2018, 29(3): 1-17.

[29] Chen Z B, Ma M, Liu X, et al. Reliability improved cooperative communication over wireless sensor networks[J]. Symmetry, 2017, 9(10): 209.

[30] Lei L, Kuang Y R, Shen X, et al. Optimal reliability in energy harvesting industrial wireless sensor networks[J]. IEEE Transactions on Wireless Communications, 2016, 15(8): 5399-5413.

[31] Silva I, Guedes L A, Portugal P, et al. Reliability and availability evaluation of wireless sensor networks for industrial applications[J]. Sensors, 2012, 12(1): 806-838.

[32] Kumar M, Tripathi R, Tiwari S. QoS guarantee towards reliability and timeliness in industrial wireless sensor networks[J]. Multimedia Tools and Applications, 2018, 77(4): 4491-4508.

[33] Wang Y, Xing L, Wang H, et al. Combinatorial analysis of body sensor networks subject to probabilistic competing failures[J]. Reliability Engineering and System Safety, 2015, 142: 388-398.

[34] Wu Y, Zhang P P, Shao F M, et al. Analysis of network reliability and lifetime on strip area in wireless sensor networks[C]//International Conference on Information Engineering and

Communications Technology, 2016: 1-6.

[35] Damaso A, Rosa N, Maciel P. Integrated evaluation of reliability and power consumption of wireless sensor networks[J]. Sensors, 2017, 17(11): 2547.

[36] 李建平, 王晓凯. 基于模糊神经网络的无线传感器网络可靠性评估[J]. 计算机应用, 2016, 36(S2): 69-72.

[37] Liu Q, Yin X, Yang X, et al. Reliability evaluation for wireless sensor networks with chain structures using the universal generating function[J]. Quality and Reliability Engineering International, 2017, 33(8): 2685-2698.

[38] Damaso A, Rosa N, Maciel P. Reliability of wireless sensor networks[J]. Sensors, 2014, 14(1): 15760-15785.

[39] Liu Q, Zhang H L, Ma Y B. Reliability evaluation for wireless sensor network based on weighted voting system with unreliable links[C]//Information Science and Control Engineering, 2016: 1384-1388.

[40] Brown S. An analysis of loss-free data aggregation for high data reliability in wireless sensor networks[C]//Signals and Systems Conference, 2017: 1-6.

[41] Islam K, Shen W, Wang X. Wireless sensor network reliability and security in factory automation: a survey[J]. IEEE Transactions on Systems, Man and Cybernetics: Applications and Reviews, 2012, 42 (6): 1243-1256.

[42] 叶苗, 王宇平. 一种新的容忍恶意节点攻击的无线传感器网络安全定位方法[J]. 计算机学报, 2013, 36 (3): 532-545.

[43] Kafi M A, Othman B J, Badache N. A survey on reliability protocols in wireless sensor networks[J]. ACM Computing Surveys, 2017, 50(2): 31.

[44] Kassan R, Chatelet E. Photovoltaics in the assessment of wireless sensor network reliability with changing environmental conditions[J]. Quality and Reliability Engineering International, 2017, 33(8): 2239-2254.

[45] 陈娟, 张宏莉. 无线传感器网络安全研究综述[J]. 哈尔滨工业大学学报, 2011, 43(7): 90-95.

[46] Mitchell R, Chen I R. A survey of intrusion detection in wireless network applications[J]. Computer Communications, 2014, 42(3): 1-23.

[47] Zhu J, Zou Y L, Zheng B Y. Physical-layer security and reliability challenges for industrial wireless sensor networks[J]. IEEE Access, 2017, 5(1): 5313-5320.

[48] Abid A, Kachouri A, Mahfoudhi A. Anomaly detection in WSN: critical study with new vision[C]//International Conference on Automation, Control, Engineering and Computer Science, 2014: 37-46.

[49] 徐小龙, 耿卫, 建杨庚, 等. 分布式无线传感器网络故障检测算法综述[J]. 计算机应用研究, 2012, 29(12): 4420-4425.

[50] 胡顺仁, 赵宁博, 张建科. 基于残差分析的挠度传感器故障时间定位算法[J]. 仪器仪表学报, 2016, 37(9): 2102-2114.

[51] Swain R R, Khilar P M. A fuzzy MLP approach for fault diagnosis in wireless sensor networks[C]//IEEE Region 10 Conference, 2016: 3183-3188.

[52] Park Y J, Park J H, Cho H. Distributed fault diagnosis of wireless sensor network based on IEEE

802.15.4[C]// International SoC Design Conference, 2015: 1-2.

[53] Panda M, Khilar P M. Distributed self fault diagnosis algorithm for large scale wireless sensor networks using modified three sigma edit test[J]. Ad Hoc Networks, 2015, 25(PA): 170-184.

[54] Lo C, Liu M, Lynch J P. Distributive model-based sensor fault diagnosis in wireless sensor networks[C]. IEEE International Conference on Distributed Computing in Sensor Systems, 2013: 313-314.

[55] Chanak P, Banerjee I, Sherratt R S. Mobile sink based fault diagnosis scheme for wireless sensor networks[J]. Journal of Systems and Software, 2016, 119: 45-57.

[56] 赵锡恒, 何小敏, 许亮, 等. 基于免疫危险理论的无线传感器网络节点故障诊断[J]. 传感技术学报, 2014, 27(5): 658-663.

[57] Yin S, Zhu X P. Intelligent particle filter and its application to fault detection of nonlinear system[J]. IEEE Transactions on Industrial Electronics, 2015, 62(6): 3852-3861.

[58] Yin S, Zhu X P, Kaynak O. Improved PLS focused on key-performance-indicator-related fault diagnosis[J]. IEEE Transactions on Industrial Electronics, 2015, 62(3): 1651-1658.

[59] Yang J B, Liu J, Wang J, et al. Belief rule-base inference methodology using the evidential reasoning approach-rimer[J]. IEEE Transactions on Systems, Man and Cybernetics: Systems, 2006, 36(2): 266-285.

[60] Li G L, Zhou Z J, Hu C H, et al. A new safety assessment model for complex system based on the conditional generalized minimum variance and the belief rule base[J]. Safety Sciences, 2017, 93: 108-120.

[61] Zhou Z J, Hu G Y, Zhang B C, et al. A model for hidden behavior prediction of complex systems based on belief rule base and power set[J]. IEEE Transactions on Systems, Man and Cybernetics: Systems, 2018, 48(9): 1649-1655.

[62] Xu D L, Liu J, Yang J B, et al. Inference and learning methodology of belief-rule-based expert system for pipeline leak detection[J]. Expert Systems with Applications, 2007, 32(1): 103-113.

[63] 张邦成, 尹晓静, 王占礼, 等. 利用置信规则库的数控机床伺服系统故障诊断[J]. 振动、测试与诊断, 2013, 33(4): 694-700.

[64] Liu J, Yang J B, Da R, et al. Self-tuning of fuzzy belief rule bases for engineering system safety analysis[J]. Annals of Operations Research, 2008, 163(1): 143-168.

[65] Zhou Z J, Chang L L, Hu C H, et al. A new BRB-ER-based model for assessing the lives of products using both failure data and expert knowledge[J]. IEEE Transactions on Systems, Man and Cybernetics: Systems, 2016, 46(11): 1529-1543.

[66] Zhao F J, Zhou Z J, Hu C H, et al. A new evidential reasoning-based method for online safety assessment of complex systems[J]. IEEE Transactions on Systems, Man and Cybernetics: Systems, 2018, 48(6): 954-966.

[67] Zhou Z J, Hu C H, Hu G Y, et al. Hidden behavior prediction of complex systems under testing influence based on semiquantitative information and belief rule base[J]. IEEE Transactions on Fuzzy Systems, 2015, 23(6): 2371-2386.

[68] Zhou Z J, Hu C H, Zhang B C, et al. Hidden behavior prediction of complex systems based on hybrid information[J]. IEEE Transactions on Cybernetics, 2013, 43(2): 402-411.

[69] Zhou Z G, Liu F, Jiao L C, et al. A bi-level belief rule based decision support system for diagnosis of lymph node metastasis in gastric cancer[J]. Knowledge-Based Systems, 2013, 54: 128-136.

[70] Zhou Z G, Liu F, Li L L, et al. A cooperative belief rule based decision support system for lymph node metastasis diagnosis in gastric cancer[J]. Knowledge-based Systems, 2015, 85: 62-70.

[71] Liu Z T, Ji D D, Xu B, et al. Simulated annealing algorithm optimization of the deterred-coating propellant charge design[J]. Advanced Materials Research, 2012, 496: 99-103.

[72] Mafarja M M, Mirjalili S. Hybrid whale optimization algorithm with simulated annealing for feature selection[J]. Neurocomputing, 2017, 260: 302-312.

[73] Bhunia A K, Sahoo L. Genetic algorithm based reliability optimization in interval environment[J]. Computers and Industrial Engineering, 2012, 62(1): 152-160.

[74] Jha S K, Eyong E M. An energy optimization in wireless sensor networks by using genetic algorithm[J]. Telecommunication Systems, 2018, 67 (2): 1-9.

[75] Li H Z, Guo S, Li C J, et al. A hybrid annual power load forecasting model based on generalized regression neural network with fruit fly optimization algorithm[J]. Knowledge-Based Systems, 2013, 37(2): 378-387.

[76] Wang B, Gu X, Ma L, et al. Temperature error correction based on BP neural network in meteorological wireless sensor network[J]. International Journal of Sensor Networks, 2017, 23 (4): 265.

[77] Aydin I, Karakose M, Akin E. A multi-objective artificial immune algorithm for parameter optimization in support vector machine[J]. Applied Soft Computing Journal, 2011, 11(1): 120-129.

[78] Srideviponmalar P, Kumar V J S, Harikrishnan R. Hybrid firefly variants algorithm for localization optimization in WSN[J]. International Journal of Computational Intelligence Systems, 2017, 10 (1): 1263.

[79] Zhan Z H, Zhang J, Li Y, et al. Orthogonal learning particle swarm optimization[J]. IEEE Transactions on Evolutionary Computation, 2011, 15(6): 832-847.

[80] Anand V, Pandey S. Particle swarm optimization and harmony search based clustering and routing in wireless sensor networks[J]. International Journal of Computational Intelligence Systems, 2017, 10 (1): 1252.

[81] He W, Qiao P L, Zhou Z J, et al. A new belief-rule-based method for fault diagnosis of wireless sensor network[J]. IEEE Access, 2018, 6(1): 9404-9419.

[82] Hansen N. The CMA evolution strategy: a comparing review[C]// Towards a New Evolutionary Computation, 2006:75-102.

[83] Hansen N, Kern S. Evaluating the CMA evolution strategy on multi-modal test functions[C]// Proceedings of the 11th International Conference on Parallel Problem Solving from Nature, 2004:282-291.

[84] Auger A, Hansen N. A restart CMA evolution strategy with increasing population size[C]// Proceedings of the IEEE Congress on Evolutionary Computation, 2005:1769-1776.

[85] Hansen N. Bench marking a BI-population CMA-ES on the BBOB-2009 function test[C]// Proceedings of the GECCO Genetic and Evolutionary Computation Conference, 2009: 2389-2395.

[86] 周文杰, 徐勇. 基于CMA-ES算法的支持向量机模型选择[J]. 计算机仿真, 2010, 27(4): 163-166.

[87] 黄亚飞, 梁昔明, 陈义雄. 求解全局优化问题的正交协方差矩阵自适应进化策略算法[J].

计算机应用, 2012, 32(4): 981-985.

[88] 胡冠宇. 基于置信规则库的网络安全态势感知技术研究[D]. 哈尔滨: 哈尔滨理工大学博士学位论文, 2016.

[89] 李斌, 王劲, 松黄玮. 一种大数据环境下的新聚类算法[J]. 计算机科学, 2015, 42(12): 247-250.

[90] Soliman H H, Hikal N A, Sakr N A. A comparative performance evaluation of intrusion detection techniques for hierarchical wireless sensor networks[J]. Egyptian Informatics Journal, 2012, 13(3): 225-238.

[91] Islam M S, Rahman S A. Anomaly intrusion detection system in wireless sensor networks: security threats and existing approaches[J]. International Journal of Advanced Science and Technology, 2012, 36: 1-8.

[92] Maleh Y, Ezzati A, Qasmaoui Y, et al. A global hybrid intrusion detection system for wireless sensor networks[J]. Procedia Computer Science, 2015, 52(1): 1047-1052.

[93] Han Z, Wang R. Intrusion detection for wireless sensor network based on traffic prediction model[J]. Physics Procedia, 2012, 25(22): 2072-2080.

[94] 傅蓉蓉, 郑康锋, 芦天亮, 等. 基于危险理论的无线传感器网络入侵检测模型[J]. 通信学报, 2012, 33(9): 31-37.

[95] Saeed A, Ahmadinia A, Javed A, et al. Random neural network based intelligent intrusion detection for wireless sensor networks[J]. Procedia Computer Science, 2016, 80: 2372-2376.

[96] Shamshirband S, Amini A, Anuar N B, et al. D-FICCA: a density-based fuzzy imperialist competitive clustering algorithm for intrusion detection in wireless sensor networks[J]. Measurement, 2014, 55(9): 212-226.

[97] 陈鸿龙, 王志波, 王智, 等. 针对虫洞攻击的无线传感器网络安全定位方法[J]. 通信学报, 2015, 36(3): 110-117.

[98] Anand K, Ganapathy S, Kulothungan K, et al. A rule based approach for atribute selection and intrusion detection in wireless sensor networks[J]. Procedia Engineering, 2012, 38(6): 1658-1664.

[99] 熊自立, 韩兰胜, 徐行波, 等. 基于博弈的无线传感器网络入侵检测模型[J]. 计算机科学, 2017, 44(6A): 326-332.

[100] Shen S, Li Y, Xu H, et al. Signaling game based strategy of intrusion detection in wireless sensor networks[J]. Computers and Mathematics with Applications, 2011, 62(6): 2404-2416.

[101] 胡志鹏, 魏立线, 申军伟, 等. 基于核 Fisher 判别分析的无线传感器网络入侵检测算法[J]. 传感技术学报, 2012, 25 (2): 246-250.

[102] He W, Qiao P L, Xing L. Research on multidimensional and evolutionary network security model in cloud computing environment[J]. C+CA: Progress in Engineering and Science, 2017, 42(6): 2563-2571.

[103] Dahl G E, Yu D, Deng L, et al. Context-dependent pre-trained deep neural networks for large-vocabulary speech recognition[J]. IEEE Transactions on Audio, Speech and Language Processing, 2012, 20(1): 30-42.

[104] Krizhevsky A, Sutskever I, Hinton G E. Imagenet classification with deep convolutional neural networks[C]//Advances in Neural Information Processing System, 2012:1-9.

[105] Silver D, Huang A, Maddison C J, et al. Mastering the game of go with deep neural networks and tree search[J]. Nature, 2016, 529(7587): 484-489.

[106] Salama M A, Eid H F, Ramadan R A, et al. Hybrid intelligent intrusion detection scheme[J]. Soft Computing in Industrial Applications, 2011, 96: 293-303.

[107] Adil S H, Ali S S A, Raza K, et al. An improved intrusion detection approach using synthetic minority over-sampling technique and deep belief network[J]. New Trends in Software Methodologies, 2014, 265: 92-102.

[108] 高妮, 贺毅岳, 高岭. 海量数据环境下用于入侵检测的深度学习方法[J]. 计算机应用研究, 2018, 35(3): 1197-1200.

[109] 高妮, 高岭, 贺毅, 等. 基于自编码网络特征降维的轻量级入侵检测模型[J]. 电子学报, 2017, 45(3): 730-739.

[110] Tan Z Y. Detection of denial-of-service attacks based on computer vision techniques[D]. Sydney: Sydney University of Technology, 2013.

[111] Wang Y, Cai W D, Wei P C. A deep learning approach for detecting malicious javascript code[J]. Security and Communication Networks, 2016, 51(8): 28656-28667.

[112] Shun T, Yukiko Y, Hajime S, et al. Malware detection with deep neural network using process behavior[C]//IEEE 40th Annual Computer Software and Applications Conference, 2016: 557-582.

[113] 寇广, 汤光明, 王硕, 等. 深度学习在僵尸云检测中的应用研究[J]. 通信学报, 2016, 37(11): 114-128.

[114] Szegedy C, Liu W, Jia Y, et al. Going deeper with convolutions[C]// Computer Vision and Pattern Recognition, 2015: 1-9.

[115] Ioffe S, Szegedy C. Batch normalization: accelerating deep network training by reducing internal covariate shift[C]// Proceedings of the 32nd International Conference on Machine Learning, 2015: 448-456.

[116] Szegedy C, Vanhoucke V, Ioffe S, et al. Rethinking the inception architecture for computer vision[C]//The IEEE Conference on Computer Vision and Pattern Recognition, 2016: 2818-2826.

[117] Pan S J, Yang Q. A survey on transfer learning[J]. IEEE Transactions on Knowledge and Data Engineering, 2010, 22(10): 1345-1359.

[118] 庄福振, 罗平, 何清, 等. 迁移学习研究进展[J]. 软件学报, 2015, 26 (1): 26-39.

[119] He W, Hu G Y, Zhou Z J, et al. A new hierarchical belief-rule-based method for reliability evaluation of wireless sensor network[J]. Microelectronics Reliability, 2018, 87: 33-51.

[120] Chessa S, Santi P. Crash faults identification in wireless sensor networks[J]. Computer Communications, 2002, 25(14): 1273-1282.

[121] Zhang Y J, Liu D T, Peng Y, et al. EMA remaining useful life prediction with weighted bagging GPR algorithm[J]. Microelectronics Reliability, 2017, 75: 253-263.

[122] Liu D T, Zhou J B, Liao H T, et al. A health indicator extraction and transformation framework for lithium-ion battery degradation modeling and prognostics[J]. IEEE Transactions on Systems, Man and Cybernetics: Systems, 2015, 45(6): 915-928.

[123] Liu D T, Xie W, Liao H T, et al. An integrated probabilistic approach to lithium-ion battery remaining useful life estimation[J]. IEEE Transactions on Instrumentation and Measurement, 2015, 64(3): 660-670.

[124] Yang J B, Xu D L. Evidential reasoning rule for evidence combination[J]. Artificial Intelligence, 2013, 205: 1-29.